青少年探索世界丛书——

神通广大的材料世界

主编 叶凡

U0289306

合肥工业大学出版社

图书在版编目(CIP)数据

神通广大的材料世界/叶凡主编. —合肥:合肥工业大学出版社,2012.12
(青少年探索世界丛书)
ISBN 978-7-5650-1181-8

Ⅰ.①神… Ⅱ.①叶… Ⅲ.①材料科学—青年读物②材料科学—少年读物 Ⅳ.①TB3-49

中国版本图书馆 CIP 数据核字(2013)第 005422 号

神通广大的材料世界

叶 凡 主编		责任编辑 郝共达	
出 版	合肥工业大学出版社	开 本	710mm×1000mm 1/16
地 址	合肥市屯溪路 193 号	印 张	11.5
邮 编	230009	印 刷	合肥瑞丰印务有限公司
版 次	2012 年 12 月第 1 版	印 次	2022 年 1 月第 2 次印刷

ISBN 978-7-5650-1181-8　　　　定价: 45.00 元

目　录

自发光夜光丝

江南大学纺织服装学院葛明桥教授研制成功一种新型高科技纺织材料——稀土铝酸盐夜光丝,可使自行发光的夜光衣成为现实。

该项目顺利通过了江苏省科技厅组织的科技成果鉴定和江苏省经贸委新产品鉴定。这一成果国内外目前还未见报道,是我国具有自主知识产权的新技术,填补了国内空白,并已申请发明专利。

这种夜光丝是一种新型高科技功能纤维,是以聚对苯二甲酸乙二酯为基材,采用稀土铝酸盐发光材料和纳米级助剂,经过特种纺丝工艺制成具有夜光性的蓄光型聚酯长丝。它只要吸收任何可见光10分钟,便能将光能蓄贮于纤维之中,在黑暗中持续发光10小时以上,并且可无限次地循环使用,从根本上克服了传统夜光织物涂层不透气、易脱落的缺点。经国家权威机构检测,该产品无毒、无害、无放射性,符合纺织、环保等相关使用要求,可广泛应用于航空航海、夜间作业、消防应急、建筑装潢、交通运输、日常生活及娱乐服装等领域。

江南大学科研人员迄今将在原有基础上继续研制开发多种色彩的夜光丝。

多功能智能窗帘

窗帘能够阻挡阳光和灰尘，是我们日常生活必不可少的用品。即使再怎么方便的新潮窗帘也难免占据空间，影响窗口的摆设、布置。日前，国外市场上出现的一种智能窗帘圆满解决了这一问题。所谓智能窗帘实际上就是一种具有窗帘功能的窗玻璃，它的夹层里有一层水溶性聚合纤维，低温天气时这种聚合物中的油质成分把凝结的水分子聚集在自己的周围，像僵硬的绳子似的成串排列，阻挡光线；当它受热时，这种聚合物分子又像沸水里翻滚的面条，摆脱凝聚时的束缚，此时又变得清澈透明起来。这一转变过程大部分情况下只需两三度的温差就能有所反应，并且是双向可逆式进行。

国外科学家正在研究如何把这种水溶性聚合物进一步推广到建筑行业当中去，开发一种能自行调温调光的新型建筑材料，不仅可以做屋顶、窗玻璃，还可以做墙壁。在不降低生活舒适程度的情况下，节能降耗，减少电力生产造成的环境污染。

历史遗迹与微生物

　　研究人员确认，一种细菌可能有助于保护那些已有几个世纪历史的富有价值的石质建筑。目前，这种微生物正在9世纪建造的西班牙爱尔罕布拉宫接受检验，看看它们是否有助于保护这一建筑。

　　由于石灰石、白云岩和大理石等矿石具有很多孔隙，和环境的接触表面积很大，因此非常容易被侵蚀和污染。近年来，科学家尝试着用碳酸盐细菌给脆弱的石质建筑覆盖上一层坚固的碳酸钙。然而，这些新沉积的矿物常常堵塞石头上的空隙，而不是形成覆盖层，使得潮气无法溢出，加速了石头的毁坏过程。现在，格兰纳达大学的矿物学家 Carlos Rodriguez Navrro 领导的一个研究小组报告说，他们在广泛用于西班牙历史性建筑的石灰石样品上用一种含量丰富的土壤细菌 Myxococcus xallthus 进行了检验，并得到了很有希望的结果。

　　他们发现，这种细菌能够产生碳酸盐晶体，形成一种黏合剂，可使现有的方解石颗粒紧密结合在一起，给孔隙增加一个覆盖层，但不会堵塞它们。科学家在4月份的《应用与环境微生物学》杂志上报告说，新沉积下来的方解石可与现有晶体的方向一致，而加固方解石的有机分子能使其甚至比原来的岩石还要坚硬。

　　普林斯顿大学的材料学家 George Scherer 表示："这种处理方法的优点在于，修复材料的化学成分和原来的石灰石一样。" Scherer 还指出，尽管一种修复受损石头的"天然"方法将是个重要的进展，但这种细菌形成的方解石层很薄，因此仍然容易遭到长期损伤。

能吸湿排汗的纤维

夏天天热出汗多，人们都愿选择棉质衣物，因为天然纤维棉花具有较好的亲水性和自然的形态结构。但被汗浸湿以后，棉质衣服容易黏贴在皮肤上，让人感觉不太舒服。最近中国石化仪征化纤股份有限公司成功开发 coolbst 吸湿排汗纤维，解除了人们这种烦恼。

可用于高级面料、高档服装的 coolbst 吸湿排汗纤维，填补了国内差别化短纤的一项空白。它采用全新的纤维截面形状设计，将毛细管原理成功地运用到织物结构，使其能够快速吸水、疏水、扩散和挥发，从而保持人体皮肤的干爽。同时，由于聚酯纤维具有较高的湿屈服模量，在湿润状态时也不会像棉纤维那样倒伏，能够始终保持织物与皮肤间舒适的微气候状态，达到了提高舒适性的目的。

能吸湿排汗的纤维

4

断骨再生

几个世纪以来人类一直在对骨移植术进行深入研究，尤其致力于修复创伤、肿瘤感染造成的大范围的骨缺损，以恢复肢体功能。然而迄今为止，临床上对大范围骨缺损的治疗仍是世界难题。目前采用自体骨移植难以满足大段骨移植的要求，异体骨移植产生的疾病传播和排斥反应令人担忧，骨延长术后灾难性并发症使其难以广泛应用。目前临床上也在广泛使用各种以金属、陶瓷或高分子制造的人工骨替代材料。但这些材料在生物相容性、生活性、生物可降解性及与被植入者原有骨的力学匹配性等方面都有各自的缺点。设计制造新型骨替代材料成为当前的关键。人们一直梦想着，有一天骨头能像身体的其他组织一样，在受损后进行自我修复。如今这已经不再是梦想——由清华大学材料系崔福斋教授课题组研制的 NB 系列纳米晶胶原基骨材料获得国家药品监督管理局医疗器械司批文，在临床实验中获得成功，断骨再生终于成为现实。

六年攻关终成正果

听说不用取自己的髂骨(腰部下面腹部两侧的骨)来植骨，刘俊起，这位家住北京东四十三条的 70 岁老人选择了植入纳米人工骨。

在接受采访时，老人说："我的颈椎坏了有十几年了!以前走路不行

啊,一走这根筋好像在抻着,疼!手术完了之后,这腿发松了,脑子也不那么涨得慌了,手术完三天我就能走几步了。"6年前,当清华大学材料系李恒德院士、崔福斋教授、冯庆铃教授带领研究生们在实验室里研究人类骨的生长过程的时候,他们没有想到多年之后,他们研制出的这种纳米人工骨将会改变千千万万个因为骨缺损造成伤残的人的命运——在我国,每年因为骨肿瘤切除手术后需要进行骨修复的病例就有25万例左右。

这里所说的纳米人工骨,是国家"863"、"973"支持的攻关项目,是崔福斋教授课题组历时6年多研制成功的 "NB系列纳米晶胶原基骨材料"简称纳米人工骨。它与原有传统人工骨材料的最大区别在于修复后的骨头和人体骨完全一样,不会在体内留下植入物。

从最初在国家自然科学基金的支持下研究骨的结构和生长过程,到完成对纳米骨的设计和制造,研究课题组与解放军总医院、北京军区总医院等单位的骨科专家合作,完成了在兔子和狗身上进行的长骨、颅骨、颌骨、脊椎骨的大量修复实验,实验证明生物材料作为修复材料具有安全有效性,并达到大尺度(40毫米)的长骨缺损修复。纳米人工骨获得国家药品监督管理局医疗器械司用于临床人体实验的批文后,从今年初到3月17日,东直门医院已经为18位患者做了纳米人工骨植入手术。同时,北京军区总医院、江苏大学医学院也在进行纳米人工骨的临床实验。

崔教授的博士后俞兴,是一位医学博士,在东直门医院参与临床实验。他说:"对于骨愈合我们需要观察半年时间,目前来看病人对纳米人工骨没有任何排斥反应。纳米人工骨已用于多种骨病的治疗,预期可以在全国各大医院应用。"

虽然刘俊起老人并不清楚自己植入的是什么材料的骨头,但他知

道"用了这个骨头就不用割我身上的骨头,不用受两次罪了"。

六年的艰辛努力终于修成正果,广大饱受折磨的骨科患者终于迎来了福音。

神奇材料造福病患

2003年1月15日,65岁的李凤云,一位患有腰椎管狭窄的妇女成为首位接受纳米人工骨临床治疗的患者。她患有严重的腰椎管狭窄和腰椎滑脱已经有21年了,接受手术之前一直瘫痪在床。

"当时确实有些害怕,"李凤云在电话里说,"反正是没办法了,我要站起来啊!"

东直门医院骨神经显微外科专家徐林教授说:"人的腰椎管里面是支配人的双下肢和大小便的神经,如果椎管因为骨质增生、外伤等问题出现'腰椎管狭窄',神经就会受压迫,出现双腿发沉、腰痛、腿痛、大小便失禁乃至瘫痪的症状。病人在腰椎管减压手术中需要大块的椎板切除,就需要植入钛合金板进行腰椎的内固定,但无论内固定多坚强也同样需要植骨来使骨创口愈合,如果取自体的髂骨进行植骨,往往会引起剧烈疼痛、血肿、感染等并发症,病人还不能在早期下地进行康复活动。用纳米人工骨取代自体骨和其他类型的人工骨进行植骨后,尚未见任何排斥反应,且愈合时间和植入自体骨的愈合时间是一样的。"

骨是最复杂的生物矿化组织,在微米尺度和纳米尺度的观察下,它的结构都是不同的。纳米骨仿照人类骨的生成机理,采用自组装方法制备纳米晶羟基磷灰石胶原复合的生物硬组织修复材料,使复合材料的微结构具有天然骨分级结构,并且具有和天然骨类似的多孔结构,人体对它完全没有排异反应等副作用,无疑是修复大段骨缺损的理想材料。

这种和骨头一样洁白的人工骨有一个形象的名字——纳米晶胶原基骨，这种由纳米尺度级别材料构成的人工骨可以根据不同部位骨生长的需要制成不同的硬度，并且植入人体硬组织缺损处降解速率和新骨生成速率基本匹配，修复效果接近植入自体骨。

第一个"吃螃蟹"的李风云术后走出了医院，她满怀喜悦地说："现在能站起来和走路了。"可以预见，像李风云这样接受植入纳米人工骨，从而告别长年顽疾的人将会越来越多。

妙手仁心·重获新生

让我们亲历一次腰椎管减压手术，看看纳米人工骨是怎样植入人体的。

李祥和(化名)，62岁，来自安徽。他因为腰椎管狭窄造成走路不稳，摔断了股骨头，在3年前做过钛合金股骨头置换术。

电刀在他的后背划开一个长约15厘米的刀口，由于采取了多种止血措施，病人整个手术过程中没有输一滴血。刀口切至7厘米深的时候，徐林教授用咬骨钳和椎扳钳打开椎板，对主要造成椎管狭窄的骨质增生进行去除。

用钉子在腰椎上固定好钛合金板之后，医生将他切下来的椎板骨也剪成颗粒状，和白色的直径1~2毫米大小的纳米人工骨颗粒混合在一起，植在了三个腰椎横突(和椎板一起构成腰椎的横向的骨头)之间。过半年这些骨颗粒就会和腰椎横突长在一起(这个方法叫"腰椎横突间植骨融合术")，和钛合金板一并起到固定腰椎的作用。

新型纳米骨是怎样帮助人骨自行生长的呢?植入纳米骨后，就好像藤会沿着支架不断生长一样，人体的骨细胞就会慢慢爬进多孔的生物

材料内部，破骨细胞一边"吃掉"纳米骨，成骨细胞一边巩固阵地，在纳米骨的内部生长起来。随着时间的推移，骨细胞在纳米骨的内部聚集得越来越多，纳米骨的材料逐渐被人体吸收，直到最后纳米骨完全被人体自身的骨细胞所代替。

俞兴博士说："纳米人工骨比较轻，这次手术我们用了2克，算是比较多的。如果纳米人工骨能正式投入临床使用，1~10克纳米人工骨移植术需要收费一千到两千元钱，与其他种类的产品价格相近。"

崔福斋教授表示，根据不同的需要，现在的纳米人工骨可以加工成颗粒状、柱状、块状等多种形状，目前专门用于治疗骨质疏松的可注射的纳米人工骨针剂正在研发中。

崔教授还提到了几种复合在纳米人工骨中可以大大提高骨愈合速度的生长因子，他说："生长因子非常适用于大块骨缺损的病人。目前我们正在和浙江一家生产生长因子的公司进行合作，以发展成系列产品。不过骨生长因子的价格很贵。"

现在，李祥和双腿已经能够活动，而且可以下地行走。

46岁的王金花原先一咳嗽就小便，这种事情已经折磨她5年了，先前她还以为是更年期的症状，实际上是由于外伤造成的腰椎骨折碎片压迫了她的神经，使得她的小便失禁。

1月份用了纳米人工骨后，她欣喜地说："现在已经完全好了，咳嗽、打喷嚏都没有事儿了！"但由于她还患有严重的腰椎管狭窄，需要在半年之后进行腰椎管减压手术，于是出院的时候对徐林大夫说："给我留着纳米人工骨，半年之后我还要用。"提出了为她保留纳米人工骨再次进行手术的要求。

有一位15岁的女孩，来自山东，有着一双会说话的大眼睛。她刚刚在东直门医院切除了左臂上的一个骨巨细胞瘤，在骨缺损的地方植入

了2克纳米人工骨。现在女孩的脸上已经挂满了笑容。

　　每年，我国因为骨肿瘤切除手术后需要进行骨修复的病例就有25万例，随着纳米人造骨技术在临床上的广泛使用，他们将重新获得恢复健康生活的希望。

　　除了用于腰椎管减压手术之后的腰椎固定和骨愈合，纳米人工骨的用途非常广泛：如由于外伤造成的骨折，由于创伤、感染造成的骨质缺损、骨质不连接或者是畸形愈合，还有骨肿瘤等骨的病变，乃至骨质疏松，都需要植入纳米人工骨帮助愈合和提高骨的硬度。

　　"人的身上有216块骨头，我们的目标是在不久的将来实现用纳米晶胶原基骨材料修复人的整段骨头，以实现人体整块骨头再生的梦想。"崔教授说。

　　我们相信，在众多满怀热忱去挑战难题，造福人类的科技工作者们的共同努力下，这一梦想的实现将不会太遥远。

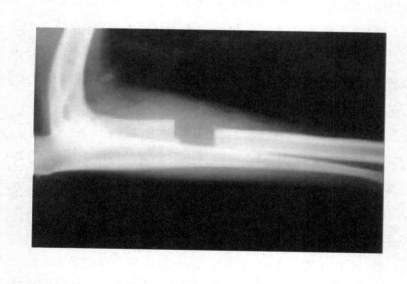

奇妙的超导材料

还记得 20 世纪 80 年代对超导材料的"明星炒作"吗？那时，几乎所有的报纸都连篇累牍地报道超导材料的临界温度又在极短的时间内提高了多少。科学家和媒体一起卷入了狂热的追逐，那时，几乎所有人都相信这项技术能给人类社会带来奇迹：悬浮的火车每小时能运行 300 公里；以超高速度运行的计算机；更便宜、更干净的电能……而且，这些只不过是超导材料研究辉煌事业的起点。

重新走回聚光灯下

"那时候，超导材料可真是红得发紫，可现在，人们似乎已把它忘记了。"路易斯·卡斯泰兰伊是位于美国休斯敦市的一家研究超导金属氧化物技术的公司的总裁，他感慨万千地说。

问题首先出在如何用超导材料制作电缆上。超导体通常是陶瓷材料，陶瓷又硬又易碎，要找到一种工业方法将它们制作成既长又有韧性的电缆实在是太困难了。实际上，最初的尝试便令人大失所望：所谓的第一代"高温超导"材料电缆的价格相对昂贵，约为普通铜电缆的 5～10 倍；更令人沮丧的是，它能通过的电流只是普通铜电缆的 2 倍或 3 倍，远远低于当初预期的 100 倍，超导研究由此痛苦地进入了低潮。

但是最近，由于在航天飞机上无重力实验条件下取得的研究成果，这一切又发生了变化。

在得克萨斯州，美国国际航空航天中心有一家专门研究超导材料的机构，这家机构与休斯敦大学合作，自 20 世纪 80 年代起就一直在努力寻求先进的超导材料，无论是在它被炒得火热时还是在它遭人冷落时都从未放弃。最近，他们的努力终于得到了回报：第二代"高温超导"材料电缆即将诞生，它与普通铜电缆的造价相仿，但能通过的电流却是后者的 100 倍。曾经热闹一时又遭冷落的超导研究又将重新走回聚光灯下。

热扫的期待

超导材料的最特殊特性是它的"零电阻"特性。在理论上，超导材料对电流的阻抗趋于零，用"高温超导"材料制作的环行电缆中的电流可以永不停息地"盘旋"下去，而无需任何能量来源；而像铜电缆这样的普通导体，其内部阻抗将使传输中的一部分电能转化为热能。据美国能源信息机构统计，在传输途中，美国生产的电能大约有 7% 被电阻消耗，使用超导电缆代替这些铜电缆将大大增加电能传输效率。

刚具雏形的磁悬浮列车热切盼望能使用更便宜、质量更高的超导线圈。由于造价昂贵，许多磁悬浮列车工程迟迟不能启动，但在日本、中国、德国和美国，磁悬浮列车的应用前景异常广阔，任何一项能使费用降低的技术都将对其产生了不起的推动力。

美国国际航空航天中心更关心超导材料如何在太空环境中使用。例如，为卫星定位定向的旋转罗盘如能使用超导磁铁制作光滑的轴承，会显著改进卫星的精密程度；另外，如果宇宙飞船中的电动马达线圈能使用超导材料，其体积可以减小到只有原来的六分之一，从而可节省宝

贵的空间并大大减轻重量。

假如要在月球上建立一个研究基地,使用超导材料将是最佳选择,当夜晚温度降低到 100K(摄氏零下 173 度)时,刚好是"高温超导"材料工作的最佳温度范围。如果人类要去火星探险,旅行期间,一台使用超导电磁铁的桌面超导电磁扫描仪将能产生人体组织的详细图像,从而可为保证宇航员的健康提供有效的医疗诊断。

有限的分享

据专家估计,"高温超导"电缆在世界范围内的市场前景大约是 3 千亿美元,而且会以极快的速度增长。

美国休斯敦大学于 1997 年成立一家公司,计划于 2003 年开始生产先进的"高温超导"电缆。公司首席科学家亚历克斯·伊格纳蒂夫博士说,他不能无保留地说出高温超导电缆的制造方法,因为这项技术的专利属于美国国际航空航天中心,美国国际航空航天中心必须保证美国在这项技术上的领先地位。

不过,亚历克斯·伊格纳蒂夫博士很乐意与大家分享这项技术的一些基本原理:"实际上,'高温超导电缆的制作难度在于如何将超导材料切成微米级的薄束,我们在空间站真空失重条件下成功地找到了这种方法,并提高了超导材料的质量。'"

在将来的日子里,超导材料将广泛应用于从基础建设到医疗等各个领域,富有魅力的超导研究热可能又将拉开序幕。

纳米管

医疗研究人员希望使用纳米管让非常微量的药物溶于水中，针对人体确切的治疗部位产生疗效。这项理论实际应用的障碍，是需要足够小的驱动力来完成这项工作。除了建造纳米管泵的工程学挑战之外，仅如细菌般大小的阀门因生物分子造成阻塞增加了复杂性。亚利桑那州州立大学的研究人员发现，最佳的解决方案便是创造一个不依赖机械的系统。

亚利桑那州立大学(ASU)研究小组的科学家和工程师在美国化工社会学报《朗缪尔》(Langmuir, 2002)期刊上发表报告指出，他们已研发出利用光束照射在管表面，将水推进至小于麦管的管路中的技术。这项技术的大跃进，与光的毛细管作用有关，期许有一天可以研发出应用于纳米管的技术，例如将药物精准地送至人体部位中。

Antonio Garcia，亚利桑那州州立大学博士

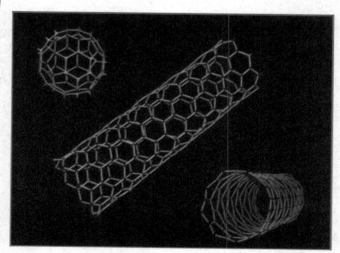

生物工程学教授表示："由于微血管或装置中的管道尺寸会收缩，因此难以控制液体的运行。每日使用的机械阀门和泵浦难以应用于在纳米管技术中，因为使它们更微小，是制造上的一大挑战。而且实际应用时将发生操作上的问题，如微小分子造成泵浦或阀门堵塞。"

Garcia 和其研究同仁 Devens Gust 及 Mark Hayes，ASU 化学及生化系的教授，结合了他们的生物工程学和化学技术，致力于光敏分子的研究。研究人员发现，将分子附着于表面并建构周围的表面，以控制水的传递。当发射可见光范围外的光线时，光敏分子会吸引水且引导水在管道中推进。

研究的附加利益是科学实验室论证上的发展。在年终之前，学生和老师可以定购 ASU 研究员所准备价格低廉的玻璃管及一本实验室指南，进行本现象的研究观察。Garcia 表示："我们希望通过使用这项实验室套件，刺激下一代纳米管产品研发科学家及工程师的创造性。"

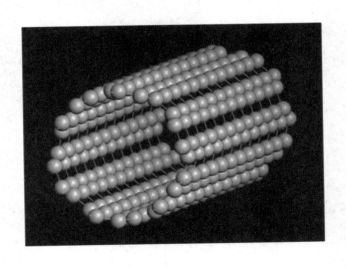

底片技术划时代的革命

　　刊载在《自然·最新科学信息》(Nature Science Update，2002)上的一份报告显示，科学家利用新的方法，改变了具有两百年传统的照相技术。

　　自从19世纪照相技术发明以来，照片的原理基本上没有太大改变。主要就是用光把底片上面的含银盐类转换变成深色的银原子已造成不透光的部分。不过美国 Polaroid Corporation 的 John Marshall 及一群研究员把银换成酸。这种方法叫做 aci- damplified imaging(AAl)，利用酸把五色的染料分子变成所需要的颜色。利用这种方法便可以避免掉那些冲洗底片过程所要经历的一些暗房步骤。

　　这方法尽管目前在一般的室内光线环境下效果仍然不太好，不过在强光照射的环境下例如激光或是发光二极管却具有很好的效果。这种底片最大的好处就是可以制造出对比强烈色彩鲜明的照片。所以如果是打印数字照片，利用电子光源来感光，将可印出具有极高画质的图片。

隔离中子辐射新材料

日本间组公司(HAZAMA)公布，他们开发出一种新材料，其性能是普通混凝土的 2 倍，能有效隔离中子辐射。

据报道，新材料的原料是环氧树脂和富含硼元素的灰硼石粉末的混合物。环氧树脂能降低中子穿过的速度，灰硼石中的硼则能吸收中子。

为隔离中子辐射，过去人们需要用厚达 1 至 1.5 米的混凝土将产生中子的装置围起来，并配上用聚乙烯和氧化硼混合材料制成的门。这种方法的适用环境有很大的局限。

用新材料筑成的隔离墙厚度只有混凝土墙的一半。成本也能控制在原来的 1/4 以内。另外，这种材料能耐 200 摄氏度的高温，并且适用于直线、曲面等各种复杂的形状。

据介绍，目前日本国内共有 60 台用于诊断癌症的 PET(正电子发射计算机断层显像)机，而实际约需要 200 台。不仅是医疗机构，其他像从事科学研究、原子能相关事业等有可能产生中子辐射的单位都一直在寻求一种理想的隔离材料。间组公司正是为了适应不断增长的社会需求，开发了这种新材料。

最黑的物质

英国科学家利用蚀刻技术，用硝酸浸泡含有适量磷元素的镍合金，制造出光线反射率极低的超黑色表面材料，这是世界上已知最黑的物质。

据最新一期英国《新科学家》杂志报道，英国国家物理实验室研制的这种超黑材料，可用于制造精密光学仪器，其反射率比目前光学仪器上用于降低反射率的黑漆还要低 10 倍到 20 倍。

用化学方法蚀刻镍磷合金使物体表面反射率下降、颜色变黑，这种设想已有约 20 年历史，但以前的尝试都不太成功。英国科学家用电子显微镜检查了几百种合金板的表面，发现镍磷合金中含磷量对蚀刻后表面结构有很大影响。

科学家将需要处理的物体浸在硫酸镍和次磷酸钠溶液中 5 小时左右，使表面生成镍磷合金的镀层，然后将物体浸在硝酸中几秒钟。如果镀层中含磷量在 5%～7% 之间，蚀刻后的物体表面会布满微小的坑，反射率最低，可形成迄今所知的最黑的物体表面。如果含磷量高于 8%，表

面就会形成微小石笋状结构,反射率增高。

　　这种超黑物体表面对吸收特定入射角度的光特别有效,如果入射光角度合适,物体表面光反射率可低于 0.35%。与之相比,目前光学仪器所用的黑漆光反射率为 2.5%。当入射角度为 45 度时,超黑物体表面的光反射率只相当于黑漆的 1/5。

　　科学家认为,用这种技术可在金属、陶瓷等多种材料表面形成超黑镀层。它在低温条件下不易开裂,与黑漆相比更适用于在外层空间工作的仪器,可望用于帮助改善哈勃太空望远镜的图像质量。

变废为宝

对于处理玻璃瓶碎片和浇注钢筋混凝土时产生的淤渣问题，人们一般将其填埋了事。日本东京都立产业技术研究所却成功地使这些废物变成了一种理想的装潢材料。

制造原料的95％以上是玻璃瓶碎片以及钢筋混凝土淤渣，另外还要加入一定的硫化铁、硫酸钠和石墨以控制结晶的生成。制造时，先给混合后的原料加1450摄氏度的高温使之熔融成形，然后除去成形物中的气泡，再在850至1100摄氏度的环境下加热后使之渐渐冷却。

经测试，用此法生产的材料，其弯曲强度约为大理石的1.65倍，耐酸性则是大理石的8倍。虽然目前这种材料因成本较高，还不能成为装潢市场的主流，但业内人士认为，这种技术有助于处理都市废弃物，今后有望普及。

玻璃碎片

神奇的菌株

法国科学家宣布,他们经过 10 余年研究,找到了用糖类制造可降解塑料的办法。这种技术特性可靠,整体水平处于国际前列。该成果是由法国埃尔斯坦糖厂、马赛开发研究所和蒙伯利埃大学的专家联合完成的。

据介绍,以往的工业生产通常用玉米淀粉制造叫生物降解的塑料,但这种工艺生产成本非常高,除

了生产医用塑料之外,在其他领域很少使用。上述 3 个单位的专家发现糖类作物是生产成本较低的聚合物,并且解决了用糖类制造可降解塑料的关键技术难题。

IRD 的极端环境微生物研究室主任贝尔纳·奥利维耶说,该所的雅尼克·孔伯布朗通过菌类发酵,把甜菜中的二糖或其结构成分葡萄糖和果糖变成乳酸。尔后奥利维耶的小组提取出两种具有很好特性的菌株,在热环境下(55℃)能够产生大量的乳酸。

蒙伯利埃大学负责研究计划中最后工艺阶段的主任研究员米歇

尔·维尔说,将糖变成乳酸后,再通过化学途径,把乳酸分子聚合成乳酸多元酸,也就是用长链连接起来,以形成塑料原料。这种塑料可以在自然环境中生物降解,并可由生物吸收。而且生产产生的残留物只有水和碳酸气。

奥利维耶说:"我们的研究目的一方面是使用尽可能少的酵母生产尽可能多的乳酸,以降低成本,另一方面是优化乳酸生产的化学聚合过程。"法国农业工业研究和开发中心的尼古拉·博吉翁认为,可生物降解的塑料在将来可以成为世界各国生产的谷物的一个重要出路。

马赛开发研究所(IRD)的实验室找到了能够将糖变成乳酸的菌株。通过这种途径生产的乳酸将用以制造可生物降解的塑料。

光伏极性可以被改变

在经典理论中，半导体的光伏极性一旦确定后就不能改变。但是浙江大学的科研人员在研究中发现，复合半导体材料的光伏极性是可以被光照波长改变的。这一发现目前已经取得学术界的承认，相关研究成果在美国《应用物理》等杂志上先后发表，并在学术界引起了强烈的反响。

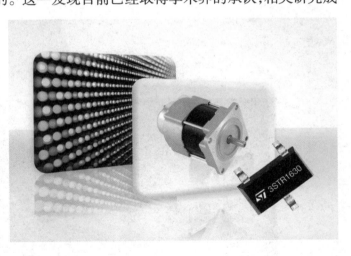

这个特异现象是科学家们在进行国家自然科学基金重大项目"半导体复合光功能材料与器件的基础性研究"时发现的，它所依赖的材料不是通常的元素半导体或者化合物半导体，而是研究人员自己设计研制的、由两种或两种以下材料组成的复合半导体材料。

这些复合半导体材料在可见光照射下出现正的光伏极性，在近红外光照射下则出现负的光伏极性。目前浙江大学的科研人员已经在能够匹配的多个有机半导体复合材料中观察到类似现象，并在系统研究

的基础上,提出了"光伏极性反转"新概念。有关专家指出:这一新现象的发现和新概念的提出,对于衍生和发展一类新概念材料并开发相应的新型光控电子器件具有重要的理论意义。

浙江大学汪茫教授介绍,早在 1986 年,浙江大学就已经开展相关的探索,1998 年国家基金委正式立项,决定以中科院院士阙端麟为项目主持人,由浙江大学牵头,联合山东大学、中科院半导体所共同开展半导体复合光功能材料与器件的基础性研究。目前,浙江大学正在就不同类型、不同功能半导体材料的复合开展进一步的深入研究,以获得综合性能优异的光电功能材料与器件。有关专家指出:这一领域如今已成为半导体材料与器件的一个新的学科和先进技术的生长点,并具有十分诱人的前景。

浙江大学汪茫教授与外国友人

人造胶原质血管

美国弗吉尼亚联邦大学的研究人员成功合成一种新的微型人造血管，可用来替换心脏搭桥手术中病人受损的血管，并解决可能由此产生的排异反应。

在传统的心脏搭桥手术中，受损的血管通常用患者腿部的血管来替换，但病人往往没有足够的多余血管可供移植，而采用他人的血管又会出现排异现象。现在，弗吉尼亚联邦大学的研究人员使用电纺织法，用胶原质做原料，成功地生长出这种微型人造血管，其直径仅 1 毫米，比目前市场上可供移植的动脉血管小 6 倍。

据研究人员介绍，他们用胶原"织成"一个管状的支架，然后将光滑的肌肉细胞"种植"在支架表面。由于胶原质是人体的组成部分之一，细胞在其上可自然地生长而不会遭到排斥，3 周至 6 周后便可长成完好的可供移植的血管，植入人体后，胶原质会逐渐被人体降解，最终被长出的新血管取代。

研究人员表示，这种"电纺织法"还可用于制造皮肤、骨骼、神经、肌肉，甚至可用于修复受损脊柱，基于这种新技术的实际应用有望在 3 年内实现商业化。

把"药"穿在身上

德国科学家 2004 年上半年开发出一种新型织布,用这种布料缝制内衣可以治疗皮肤病。这项成果为许多皮肤病患者解除了频繁换药的痛苦。

这种新型织布是由设在北威州克雷费尔德的德国纺织品研究中心的科学家发明的。据介绍,科学家利用自然纤维和人造纤维中都含有的一种名为"环式糊精"的糖分子使织布拥有了医疗功能。该分子化合物能在织布内形成微小的孔状空间,并具有吸收不渗水物质的性能。

科学家介绍说,通过特殊方法处理,他们将一些外敷药物的有效成分添加进新型纺织品内,从而使这种织布内部那些微孔能够较好地保存这些药物而不"流失"。在织布与人体接触时,极少量汗液"刺激"使药物被"激活",有效成分会慢慢渗出被人体吸收,达到与外敷药物同样的疗效。

据悉,该中心的科学家正考虑用这种织布缝制各种内衣,以给有大面积皮肤病的患者提供一种舒适的新疗法。

纳米硅片

俄罗斯科学院的晶体学研究所在纳米技术研究领域获得了一项突破,在研制过程中,他们使纳米硅片的顶端生长出了一个尺寸如原子般大小的单晶锥体。

近年来,纳米技术研究领域中的一关键问题是生长出顶端尺寸极小的单晶锥体材料。俄科院晶体所科学家将一块涂有金颗粒的硅片,放入高温中加热使金颗粒熔化,然后向熔化了的金颗粒上施放一种能促进硅结晶并生长的特殊气体,结果生长出纳米单晶硅,其外形犹如圆柱,高度约达30微米。尔后,科学家再将含有圆柱形单晶的硅片放入一种特殊的液体中进行清洗,结果圆柱形单晶如同被一层一层脱落,最终变成圆锥形单晶,锥体顶端如原子般大小。金颗粒在这个过程起催化剂作用。

有关专家指出,用俄科院晶体所科学家研制的纳米硅片可以制成能够操纵原子的探针,这样的探针能够完成原子搬运;此外,这样的原子探针还能在遗传工程方面获得应用,也可以用这样的纳米硅片研制新型电视及仪表显示器。

生物止血带

外科医生对四肢上大伤口的止血，传统的办法，是采用从外部包扎，然后用止血带紧箍伤口上方的动脉，阻止血液流通，以防止大量出血。但随着也出现了令医学界烦恼的问题:使用这种方法,时间一长,伤口附近的组织就会因血脉不通导致缺氧而坏死，患者的病情会因此加重，甚至有失去肢体的危险。现在美国弗吉尼亚康蒙威尔思大学(Virginia Commonwealth University)的马克卡尔(Marc Cart)发明了一种新的四肢伤口止血方法,用它制作的一种叫"BioHemostat"的生物止血材料塞到伤口内,使其吸收血液而膨胀,从伤口内压止流出的血。这种新的材料可以吸收自身体重1400倍的液体,因而具有极强的压止力,可以确保伤口不致出血;如果把抗菌素和止痛药置于其中,疗效会更好。重要的是,这种方法不致使四肢因缺氧而坏死。这种新的方法,对四肢外伤患者的紧急处理,特别是在野外(诸如油田、交通线上等远离医院的地方)对外伤患者的紧急处理,可能是非常有用的。

稀土材料

我国拥有得天独厚的稀土自然资源，已探明储量占世界总储量的

80％以上。随着科学技术的迅猛发展，稀土在能源、信息和材料领域中的作用日趋重要，被美、日等国称为"21世纪战略元素"。作为我国稀土研究的重要基地，稀土材料化学及应用国家重点实验室走在了世界稀土科学研究的前沿。

稀土材料化学及应用国家重点实验室是在北京大学化学系稀土化学研究中，与无机化学教研室稀土发光材料组的基础上建立起来的。实验室成立10年来，从科学研究、成果转化和队伍建设都取得了长足的进步。

光电磁显能硕果累累

稀土是镧系元素及钪、钇等十七种元素的总称，占周期表中全部元素的六分之一，是一个亟待开发的领域。稀土元素的外层电子结构很特

殊,使得它们具有很多不寻常的光、电、磁和化学特性,稀土元素又有"工业味精"的美称。

实验室根据世界稀土研究的状况和我国经济建设的需要确定了四个主要的研究方向:①稀土分离化学与稀土分离工艺优化设计。②稀土固体化学和功能材料。③开展配位化学基础研究,大力开辟分子基稀土材料的应用新领域。④稀土物理化学和镧系理论。并在基础理论研究方面取得了许多重大突破。

在稀土固体化学方面,提出了合成 $BaFBr:Eu^{2+}$ 的新方法及稀土激活碱土金属氟氯化物的 X 射线发光和 X 射线存储发光机理,并应用于临床的 X 射线存储发光屏,获国家教委科技进步二等奖 1 项。最近,实用的临床 X 射线存储发光屏已通过扩大试验,正筹备批量生产。在稀土配位化学方面,把稀土配合物引入分子基电致发光材料中,制备出最大发光亮度达 $980cdm^{-1}$ 的铽配合物,获国家教委科技进步二等奖 1 项。研制出多种荧光强度高,光稳定性好的高分子复合稀土荧光材料,并应用于国家增值税发票等,获国家教委科技进步一等奖 1 项。设计和合成了 4f–3d 磁性分子基材料,观察到外磁场诱导的慢磁弛豫现象,并对 4f–3d 的自旋交换机理作了理论研究。在稀土物理化学和镧系理论方面,应用谱学方法研究了萃取过程中微乳状液的组成及结构,深化了萃取过程中有机相结构变化和相平衡的认识,获国家教委科技进步二等奖 1 项。在高精度数值计算研究成果的基础上建立了基于狄拉克方程的完全相对论密度泛函理论计算程序(BDF)。BDF 是迄今最精确的完全相对论密度泛函理论计算的程序。

产学研并举开拓新路

实验室建立 10 年来，在稀土分离化学与萃取工艺优化设计方面，建立非恒定混合萃取比体系的分离串级萃取理论，发展了原有的理论，解决重稀土分离酸度高和平衡速度慢的难题，实现高纯重稀土的萃取法生产，在国内最大南方矿稀土企业建立了国际最大的高纯氧化镥生产线。此外，在钪和钇的分离体系以及稀土分离工艺的优化设计方面取得了重大的进展。国家计委稀土办曾两度评价该项目的"重稀土萃取分离理论及工艺是一项在国内外处于领先水平的重大技术"，"为中国重稀土资源优化利用和稀土分离技术跻身世界先进水平做出贡献。"为了提高我国稀土科学的研究水平，促进我国稀土资源优势尽快转化为经济优势和战略优势，稀土材料化学及应用国家重点实验室的研究工作紧密围绕我国稀土资源的开发利用，特别是利用稀土的本征性质，探寻开发新型稀土功能材料的源头，并将研究成果尽快转化为社会生产力。实验室在产学研一体化方面走出了一条成功之路。

直拉硅单晶

北京有色金属研究总院科研人员研制出我国第一根直径为 18 英寸(450 毫米)直拉硅单晶,标志着我国在这一领域进入世界领先行列。

北京有色金属研究总院是我国主要的半导体研究、开发、生产基地,在硅单晶研究方面一直保持世界先进水平,形成了我国具有自主知识产权的大直径硅单晶制备技术。此次研制成功 18 英寸直拉硅单晶,将对提高我国半导体材料工业的研究水平,推动集成电路和信息产业的发展产生积极影响。

据最新的《国际半导体技术指南(ITBS)》,直径 18 英寸硅单晶抛光片是 12 英寸的下一代产品,也是未来 22 纳米线宽 64G 集成电路的衬底材料,在国际上还处于基础研究阶段。集成电路产业是信息产业的核心,据统计,全世界以集成电路为核心的电子元器件,95%以上是用硅材料制成的,其中直拉硅单晶的用量超过 85%。随着超大规模集成电路集成度的迅速提高,迫切要求采用大直径的直拉硅单晶抛光片,它还大大降低了电子器件的制造成本。

北京有色金属研究总院分别于 1992、1995、1997 年研制成功我国第一根直径为 6 英寸、8 英寸、12 英寸的直拉硅单晶,并于 2001 年建成我国第一条直径 8 英寸的硅抛光片生产线,为我国 0.25 ~ 0.5 微米线宽集成电路的生产提供了最重要的基础功能材料。

合金的遗传

利用"基因遗传学"原理，由丹麦技术大学物理学家詹斯·诺斯科夫

领导的研究小组，在近20万种有可能成为有用合金成分的配方中高效率地找出大量新型超级合金。用这种方法能够快捷地找出成批的高性能材料，如果采用其他方法寻找这些材料，可能需要多年的努力才能完成上述工作。

用这种方法找到的高性能材料中包括已经成功使用的高熔点、高强度合金，这可以从一个侧面说明这种方法的有效性和可靠性；同时，科学家也发现了几种过去并无试验意向但却令人极感兴趣的新材料配方。目前，冶金学家正在研究这些新材料，以便列出新的超级合金目录。

传统的寻找新材料的方法，是把可能成为高性能合金的基体金属与添加的合金元素混合在一起进行试验(就像炒菜时加调料一样)，通常需要经过无数次试验才能找到一种高性能的适合用户"胃口"的合金。材料学家将这种方法戏称为"炒菜法"，这是一种极为耗时、有时甚至是

靠碰运气找新材料的方法。

新方法被科学家称为"遗传学编码程序",它模拟达尔文的自然淘汰法则,将每组 4 种金属组成一个"染色体",将每一个单一金属作为一个"基因",然后寻找最适合的排列组合。这种寻找新合金的方法从选择任意"基因"的 20 个"染色体"开始,随后模拟遗传学交叉变异过程匹配不同的"基因",再在各组"染色体"内任意置换各种"基因金属"。在新组成的 60 个"染色体"中,选出性能最好的 20 个"染色体"进行再次匹配。

这种方法用所谓的"密度函数理论"计算"染色体"的适应性,并根据各种金属原子中的电子如何相互作用的知识预测这些材料的性能。根据预测,可能具有较高强度和熔点的金属材料通常被认为比较适合作为合金成分。

在对新方法的反复试验中研究人员发现,用这些金属组合"进化"到第四十五代后,就能得出最适合的合金材料,如果采用其他方法,可能需要进行 20 万次试验才能找到这些高性能合金。

金刚石复合材料

日前，俄罗斯圣彼得堡材料科技研究中心研制出生金刚石复合材料的新方法：无需高压便能获得大尺寸和所需形状的金刚石复合材料。

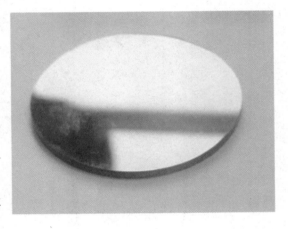

通常，工业上超硬和高强材料由金刚石复合材料组成，也就是将金刚石镶嵌在某一种基底材料上用人工合成的方法获得。因此，对这种基底材料的性能要求很高。首先要求该材料具有硬度大、强度高和耐磨性号等特点。其次，该材料的化学结构要完整，在化学作用下能够牢固的和金刚石结合。同时，基底材料的物理性质要与金刚石相似，否则在外界压力下合成的材料会断裂，碳化物的性质最符合充当这种材料。它们具有很强的硬度、耐磨性、热稳定性和良好的热传导性能。热传导性越高，温度变化大的情况下制件断裂的可能性就越小。但采用传统烧结的方法对金刚石与碳化硅烧结无法获取金刚石复合材料，因为在这一过程中需要很高的温度，而在高温下金刚石会转化成石墨。当然，也可以用高压的方法将金刚石与碳化硅合成以获得复合材料,但这一过程需要 8.5 级帕斯卡的压强。因此,用高压的方法在高压舱里研制生产大尺寸和所需形状的金刚石复合材料是不可行的,花费将非常昂贵。

俄专家在研制金刚石复合材料采用的新方法是:首先将金刚石加工成微米级大小的颗粒,并挤压成所需的形状和大小,然后将其放在真空中加热,同时用液态硅浸泡。此时,金刚石的表面转化成类似石墨的碳,并与液态硅发生作用。由此获得的制件将是由藏在碳化硅之间的金刚石粉末组成的完整复合材料,尺寸可以很大,形状也可任选,是其他方法无法取得的。

金属疲劳

1998 年 6 月 3 日，德国一列高速列车在行驶中突然出轨，造成 100 多人遇难身亡的严重后果。事后经过调查，人们发现，造成事故的原因竟然是因为一节车厢的车轮内部疲劳断裂而引起。从而导致了这场近 50 年来德国最惨重铁路事故的发生。

人们所见到的金属，看起来熠光闪闪、铮铮筋骨，被广泛用来制作机器、兵刃、舰船、飞机等等。其实，金属也有它的短处。在各种外力的反复作用下，可以产生疲劳状态，而且，一旦产生疲劳就会因不能得到恢复而造成十分严重的后果。实践证明，金属疲劳已经是十分普遍的现象。据 50 多年来的统计，金属部件中有 80% 以上的损坏是由于疲劳而引起的。在人们的日常生活中，也同样会发生金属疲劳带来危害的现象。一辆正在马路上行走的自行车突然前叉折断，造成车翻人伤的后果。炒菜时铝铲折断、挖地时铁锹断裂、刨地时铁镐从中一分为二等现象更是屡见不鲜。

为什么金属疲劳时会产生破坏作用呢？这是因为金属内部结构并不均匀，从而造成应力传递的不平衡，有的地方会成为应力集中区。与此同时，金属内部的缺陷处还存在许多微小的裂纹。在力的持续作用下，裂纹会越来越大，材料中能够传递应力部分越来越少，直至剩余部分不能继续传递负载时，金属构件就会全部毁坏。

早在 100 多年以前，人们就发现了金属疲劳给各个方面带来的损害。但由于技术的落后，还不能查明疲劳破坏的原因。直到显微镜和电子显微镜相继出现之后，使人类在揭开金属疲劳秘密的道路上不断取得新的成果，并且有了巧妙的办法来对付这个大敌。

在金属材料中添加各种"维生素"是增强金属抗疲劳的有效办法。例如，在钢铁和有色金属里，加进万分之几或千万分之几的稀土元素，就可以大大提高这些金属抗疲劳的本领，延长使用寿命。随着科学技术的发展，现已出现"金属免疫疗法"新技术，通过事先引入的办法来增强金属的疲劳强度，以抵抗疲劳损坏。此外，在金属构件上，应尽量减少薄弱环节，还可以用一些辅助性工艺增加表面光洁度，以免发生锈蚀。对产生震动的机械设备要采取防震措施，以减少金属疲劳的可能性。在必要的时候，要进行对金属内部结构的检测，对防止金属疲劳也很有好处。

金属疲劳所产生的裂纹会给人类带来灾难。然而，也有另外的妙用。现在，利用金属疲劳断裂特性制造的应力断料机已经诞生。可以对各种性能的金属和非金属在某一切口产生疲劳断裂进行加工。这个过程只需要 1~2 秒钟的时间，而且，越是难以切削的材料。越容易通过这种加工来满足人们的需要。

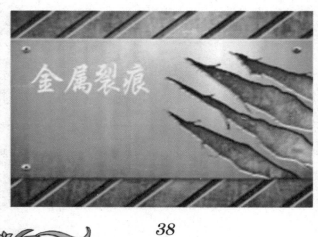

农田里"长"塑料

作为轻型化趋势的一个方面,汽车的内外材料通常采用塑料,金属在汽车中所占的比例正逐渐缩小。有趣的是,塑料的生产正在从工厂向农田转移,将来或许有一天汽车也会从农田里"长"出来。

巴西一家公司先用植物淀粉合成乳酸,再用其来加工塑料,为此,培育出了淀粉含量高出正常品种30%的红薯品种。科研人员在一片面积约1500公顷的实验田的中央建起一座工厂,把收获的红薯加工成塑料。这种塑料制成的部件废弃后埋在土里还可分解成水和二氧化碳,自行降解。这种材料不仅可用于汽车制造,在家用电器上用途也极其广泛。

大众(巴西)公司也在进行一项农田里生产汽车的计划。在其新一代产品中,采用产于巴西的天然麻纤维做成车的内部骨架,这种麻纤维还可用在小型车的外装修上。有关专家认为,来自植物的塑料将来很可能取代钢铁在汽车制造业中得到普遍应用。

把人们的目光引向农田的还不只汽车工业,里约热内卢州科技厅下属的材料研究中心的科研人员正在进行另一项实验。专家们从具有合成聚酯能力的微生物中提取出相关基因,然后移植到水稻中去。待水稻成熟后,从茎叶中提取的聚酯可用来加工饮料瓶。这种饮料瓶与目前市场上流通的饮料瓶的最大区别在于丢弃、掩埋到地下之后,可自行降解,不会造成任何污染。

纳米技术

　　科学家认为，纳米技术将是生命科学与信息科学等技术革命的关键。纳米电子学和纳米生物学相结合产生的生物分子机器，能在 1 秒钟内完成几十亿个动作，而纳米级的极小晶体管和存储芯片将成百万倍地提高计算机的计算速度和效率，一套大百科全书的内容可以记录到一个大头针大小的地方。

　　我们的衣食住行面貌也将会随之发生种种魔术般的改变：纺织工业合成纤维树脂中添加具有灭菌和自动消毒的纳米材料，消费者就可以穿上杀菌、防霉、除臭和抗紫外线辐射的内衣和外套；在食物中添加纳米微粒，可以除味杀菌，有的纳米微粒具有吸收对人体有害的紫外线的性能；目前已有许多加入了纳米微粒的防晒霜、化妆品，具备了防紫外线的功能，可以让靓女俊男驻颜有术；用数层纳米粒子包裹的智能药物(如纳米机器人)进入人体后，可主动搜索并攻击癌细胞或修补损伤组织。

纳米微粒的化妆品

"磁木"与手机

　　"磁木"将成为防止手机用户在不应打手机的场所拨打手机的有效手段,这种新材料能吸收微波无线电信号,可使手机用户在需要安静的剧院、教堂、教室等场所无法使用手机。

　　对于电磁波来说普通木材是"透明"的,而"磁木"是日本一所大学的电子学专家的研究成果,研究人员选用木材作为屏蔽电磁波的基础材料是因为木材能产生美观的室内装饰效果。

　　日本科学家找到一种用镍锌铁素体磁性材料屏蔽无线电波的方法,当电磁波触及铁素体粒子磁性材料时会被它吸收。在测试了一系列铁素体与木材结合的可行方案后发现,夹在两片薄木板间的铁素体层吸收电磁波效果最好。进一步实验表明,厚度为4毫米的"磁木"能最大限度地吸收微波信号;如增加木板厚度,可增加吸收无线电波的频率范围。

　　"磁木"面板能用来制作装饰品、墙面材料乃至楼房结构,在以"磁木"作为结构材料或墙面材料的建筑内手机是无法使用的。

种植物收黄金

如果有人告诉你：小麦或玉米里含有黄金，或者说，作物的禾秆可以变成黄金，你一定会认为这是天方夜谭。但在科学家眼里，什么都是宝贝，没有他们办不到的事情。

眼下，美国得克萨斯大学的两位研究人员就在做从植物里提取黄金的研究和开发工作。可喜的是，这种"淘金"法还能帮助人们清除环境污染。

据估计，这项技术有可能形成一种全新产业，其产值在未来3年内可达到2.14亿到3.70亿美元。

美国得克萨斯大学的米盖尔·亚卡曼博士和加尔迪·托里斯德博士经过潜心研究，找到了从小麦、紫花苜蓿特别是从燕麦里提取黄金的方法。他们说，只用一种简单的溶剂就能把人工栽培的作物变成宝贵金属的来源。

不过，这两位科学家奉劝人们，千万别以为这样可以发大财，放弃了目前的工作，转而大规模种植紫花苜蓿，弄不好你会亏本的。

用这种方法"开采"，获得的黄金数量非常微小，而且这种黄金既不是我们所能看到的金锭，也不是金块，而是一种黄金粒子，其直径只有数十亿分之一米。

这两位科学家的"淘金"方法是基于植物具有吸收金属的能力这一原理。他们认为，这种方法不失为一种从土壤里开采黄金的廉价办法：

让生长在土壤里的植物为正在迅速兴起的纳米技术提供所需要使用的那种形式的黄金。

现任得克萨斯大学化学系主任的加尔迪·托里斯德博士说,这是研究人员第一次报道活的植物能够形成这种微型金块,从而为制造纳米粒子开辟了一条"崭新的令人鼓舞的途径"。他认为,目前制造黄金纳米粒子的方法不但投资巨大,而且制造过程会产生化学污染,对环境保护极为不利。

在当今生物学研究中,黄金粒子被用来作为研究细胞生物过程的一种标识物;在纳米技术中,它还被作为纳米级电子电路的电触点(Electrical Contacts),如果能够从植物中提取出这种黄金粒子,那将"既经济又有利于保护环境"。

事实上,科学家早就知道植物能够从土壤里吸收金属。植物能吸收各种有毒化合物的这一性能,还使得人们把植物当作一种生物吸尘器,用来清除受到砷、TNT和锌以及具有放射性的铯等污染的场地。

从事这项研究的亚卡曼博士是一位化学工程教授,他两年前才从墨西哥来到美国得克萨斯大学。他说,从紫花苜蓿里提取黄金的方法是人们在治理墨西哥城污染的努力中发现和形成的。他在墨西哥担任墨西哥国立自治大学物理研究院院长期间,就同加尔迪·托里斯德博士一道,研究利用植物清除受到铬严重污染的场地。他们对植物进行分析后惊奇地发现,金属在植物里并不是像人们所想像的那样处于分散状态,而是以纳米粒子团的形式沉积在植物里,就像电子工业中的量子点那样,于是这两位科学家和他们的同事们很快就从清除污染研究的项目转移到了纳米技术研究的领域。

植物的贡献远不止此,它还能用于勘探黄金。来自澳大利亚、加拿大和巴布亚新几内亚的研究人员在热带地区发现,植物里的黄金浓度,

即含金量的多少，可以作为在土壤里寻找新的黄金的一种直接标记。特别是当土壤被火山爆发后的尘埃和灰烬覆盖后，不能对土壤进行直接取样测试时，依靠植物勘探黄金就显得特别有用。

得克萨斯大学的科学家利用紫花苜蓿进行了有关实验，他们让这种植物的种子在富含黄金的人工生长介质里生长发芽。

依靠 X 射线和电子显微镜，他们不但在这种植物的幼芽里观察到了黄金，而且还欣喜地发现，这些黄金还形成为他们所希望的那种形式——纳米粒子黄金。

在他们看来，提取黄金并不困难，只要利用溶剂将有机物质溶解，剩下的就是完整的黄金。初步的试验表明，黄金粒子虽然是以不规则的形态出现，但是只要改变生长介质的酸性，黄金粒子的形态就会变得整齐一致。

自今年 1 月美国化学学会的《纳米通讯》首次报道了他们的研究成果后，这些科学家还对从植物里提取其他金属进行了试验。他们利用植物“制造”了银、铕、钯和铁的纳米粒子。现在他们正在“制造”用于磁记录的铂离子。他们认为，要达到批量生产规模，可以通过在室内富含金的土壤里或者在废弃的金矿场地上种植植物的方法获得纳米粒子。他们还利用小麦和燕麦进行了对比试验，结果表明，燕麦是最理想的“淘金”植物，它的产出超过了紫花苜蓿。

钨

钨是一种宝贵的稀有金属，自 1783 年被科学家发现以来，至今已有 200 多年的历史。据测算，钨在地壳中的含量为百万分之一。值得庆幸的是，钨竟奇迹般地大量聚集在中国。我国 1917 年在江西省的大余县西华山首次发现黑钨矿，在不足 100 年的时间内，江西、湖南、广东、广西、福建、河南、甘肃、内蒙古等地都先后发现了许多钨矿。我国钨储量约占全世界总储量的 60%，居世界各国之首，可以说中国是当之无愧的钨的王国。

钨有比重大、熔点高、硬度大、导热导电性能好、耐热、耐磨、耐腐蚀、化学性能稳定等优异的特性。金的熔点是 1000 摄氏度，而钨的熔点高达 3380 摄氏度。当今的高科技产品，如航空喷气发动机、火箭、导弹、卫星的许多部件都是用钨的耐高温合金制成的。

在钢铁里面加入钨，就好比钢铁吃了"强身补药"。钨钢能提高钢的耐高温强度，增加钢的硬度和抗腐蚀能力。它广泛应用于金属切削刀具，还有军事工业中枪、炮、坦克等武器装备的耐热、耐压部件。所以人们还把钨看成是重要的战略金属。

钨的硬度很高，在金属中也算数一数二了，但是钨与碳元素的化合物——碳化钨，硬度更高，比钨钢还硬，可以同自然界最硬的金刚石相媲美。碳化钨粉制成的硬质合金，具有硬度高、耐磨性好、耐高温等优点，可用于金属切削刀具、钻机、钻头、推土机的铲刀、粉碎机械等，就连

牙科医生使用的小钻头也是硬质合金制成的。

人们日常使用的灯泡中的灯丝和高温电炉丝也都离不开钨。钨的热电子发射性能也是极好的,所以它又是制作通讯、广播、电视、雷达等设备的重要材料。电视机显像管、X射线荧光屏、荧光灯的荧光材料选用的也都是钨的化合物。另外,钨在纺织、染料、油漆颜料、陶瓷釉料、玻璃着色等轻工业领域也有广阔的天地。

提到石油,人们就会想到中东。而人们提到钨,就会想到中国的南岭。像福建的行洛坑,江西的西华山、大吉山、盘古山,湖南的柿竹园、瑶岗仙,广东的锯板坑都是世界上著名的大型钨矿。

我国钨矿储量、钨矿产量以及钨的贸易量均占世界第一。这三个"世界第一"是我们中华民族的骄傲。

在自然界中,钨的矿物有20多种,但具工业意义的仅有黑钨矿族和白钨矿 $CaWu_4$ 两种。因此,在钨矿石上也有黑钨矿石、白钨矿石和黑钨矿、白钨矿的混合矿石。国外长期以来开发利用的是白钨矿,而我国尽管白钨矿的保有储量达300多万吨,占全国钨保有储量的65%,另外还有19%的混合矿石,但由于我国的白钨矿石品位低,富矿少,选冶技术尚未彻底解决,因而长期以来我国开采的仍是品位高、易采、易选的黑钨矿。

生物降解塑料

目前,美国约有 50 家公司利用马铃薯皮和奶酪乳清生产生物降解塑料,据悉,美国每年可产生 700 万吨马铃薯废弃物,其成本为每吨 2.5 美元。如将其中的一半回收,制成各种生物降解塑料制品,其价值将超过 50 亿美元。

美国阿尔贡国家实验室最近将一项新技术成果转让,该技术利用土豆和乳清制成降解塑料保鲜袋,成本仅为普通塑料保鲜袋的 1/3,而且抗拉强度更好。由于原料加入了某种添加剂,当薄膜被分解后,其成分进入土壤后有利于农作物生长,因此该产品十分畅销。

近几年,在欧洲一些国家,也开始推广一种自动"除权"的降解塑料,主要用于对存放周期有严格要求的商品,如药品、食品等。使用这种包装的商品,一旦过了使用限期,包装物就会自己分解和散架,使此类商品自动丧失在市场流通的"权利"。研究人员还在降解塑料中加入某些染料,当"除权"日期临近时,包装物的颜色会出现异常变化,以提醒消费者。

催化剂转化器

刊登在《自然·最新科学信息》(Nature Science Update)上的一篇研究指出，日本研究人员成功改良汽车用催化剂转化器，可解决贵金属因热凝聚的问题，减少贵金属的使用量。

1970年代发明使用至今的催化剂转化器，其核心材料是表面覆盖包含钯、铂、铑等贵金属的多孔性陶瓷，可消除汽车排气中高达九成的有害物质。但因高温会使原本微小颗粒的贵金属逐渐凝聚，造成催化剂表面积缩小、活性降低，因此旧式转化器中必须填载大量过多的贵金属以维持其转化效率。

日本原子力研究所 (Japart Atomic Energy Research Institute，JAERI)发现一种新技术，让贵金属颗粒在支撑材料表面维持分散，经测试即使在汽车排气中超过100小时，这种催化剂仍可维持高度催化活性；而旧式转化器所使用的催化剂在同样测试中活性已降低10%。因此在新式催化剂中并不需要使用过量的贵金属。

有些国家的研究人员将钯(Pd)吸收至一种钙钛矿结构 (perovskite)固体的晶格中，形成了新的催化剂。这种催化剂在氧化态时和钯紧密结合，但在还原态时则会释放出金属钯。现今汽油引擎产生的废气会使新式催化剂不断在氧化态和还原态中转换，因此钯会不断地被吸收又重新释放，杜绝其凝聚的机会。

替代硅的塑料

德国科学家最近说，随着塑料在发光导电性能方面的研究不断取得进步，塑料在电子产品领域的应用范围将越来越广，并日益替代硅。

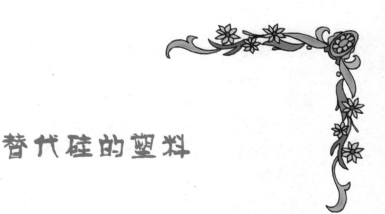

硅是重要的半导体材料，目前在电子产品领域扮演着几乎不可替代的角色，但是成本较高。塑料通常是由高分子化合物聚合而成，其溶液一般具有较大的黏滞性。随着高分子聚合物也具有自发光以及导电特性的发现，从 20 世纪 80 年代开始

人们就逐渐对其进行更加深入的研究。

来自乌尔姆大学的化学家彼得·博伊尔勒介绍说，目前对高分子聚合物特性研究的进展已经帮助人们制造出很多以前通常只用硅材料制作的电子元器件。如目前用高分子聚合物制成的发光二极管，已经应用在许多手机单色显示屏以及其他一些显示设备上。由于这些材料具有自发光的特性，因此制成的新型屏幕比传统的电脑和电视的屏幕要亮

100倍,所显示的图片和文字可以从任意角度观看,而现在的液晶显示器则对人的视角限制很大。

此外,在一些应用广泛的电子设备制造领域,如各种带有微芯片的卡片以及条形码读取设备等,高分子聚合物也逐渐开始替代硅材料。博伊尔勒说:"塑料芯片比硅芯片更加便宜,并且由于其具有可溶解的特性而更易于加工处理。此外,它们也可以作为电路和电子元器件的制造材料。"

科学家认为,未来几年高分子聚合物的研究还将会出现重大突破。如近几年才开始研究的高分子聚合物太阳能电池,目前已经取得一定进展,它将太阳能转化为电能的效率达到了3%左右。一旦研究取得突破,其廉价的成本必将带来广泛的应用前景。而且,目前的制造工艺已经可以将导电塑料做得非常薄,并且具有可以弯曲等其他特性。博伊尔勒据此认为,将其应用在目前的电脑制造上,将有望进一步缩小电脑的体积并提高其运行速度。

自旋电子电晶体

刊载在《自然·最新科学信息》(Nature Science Update)上的一份报告显示,利用电子自旋的性质,科学家提出了新的电晶体的设计方法。

电晶体可以说是目前整个资讯社会的背后最重要的电子组件。主要的功能是利用外加的电压来控制电流的通过与否,而达成逻辑运算的目的。科学家提出了利用电子带自旋的性质来控制电流的通过与否,进而产生类似电晶体的效应。渥太华的 Institute for Micmstructural Science 的 Pawel Hawrylak 和他们的研究人员利用量子点来帮助他们。量子点就像一个超巨大的人工原子,可以让科学家把电子一个一个加进去。他们利用外加磁场来控制电子的自旋而电子的自旋决定电子是否能流出量子点,也就是类似电晶体的功用。

自旋电子组件带来的不仅是一种新材料,同时作出的组件还有很多好处。最简单的一个,用自旋电子组件所做出的记忆体,在断电后依然保有其记忆,不会像现在的电脑一样,一断电就什么都没有了。这对常常遇到电脑死机的人而言,应该会期待这种新型电脑的问世吧。

"脚手架"修补骨骼

美国加利福尼亚州拉米萨城波音公司的科学家最近发现，他们使用的一种保护天线的泡沫材料可用在完全不同的领域——修补受损的骨骼。

为保护F—18喷气式战斗机的无线电天线，美国空军委托波音公司的科学家研制出一种轻重量泡沫材料作为防护层，用以包裹飞机上的无线电天线。这种泡沫材料既能防止飞机天线损坏，又不会干扰飞机正常接收无线电信号。泡沫材料由空心的二氧化硅球与聚合物胶合而成，每个二氧化硅空心球的直径约为90微米，黏结在聚合物中的显微空心球的空隙之间，可以让空气渗透通过。研究者发现，通过调整显微空心球和聚合物的比例，能够控制泡沫材料的强度和泡沫材料的空隙度。研究人员设计出多种不同比例的泡沫材料，其中有一种的"配方比例"正好与人体骨骼的性能极为相配。

这种材料理所当然地受到骨

52

科医生的青睐。这种泡沫材料能够吸引骨细胞生长,其强度和坚固程度足以取代骨骼,从而能有效地对损坏的骨骼进行修补。

矫形外科医生十分需要像骨骼一样的材料以代替发生病变或被撞伤损坏的骨骼,由于并不总是能够满足被替代部位骨骼的需要,从人体其他部位移植的骨骼往往难以满足移植要求;目前

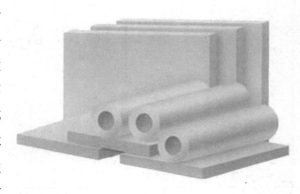

使用的钛制人工骨植入物因缺少弹性效果也不理想。理想的植入物应该是一种"脚手架"一样的材料,在"脚手架"上可沉积骨细胞并使其自然生长,但目前使用的许多"脚手架"材料不很坚固,难以承担骨骼需要承受的力量。

因此,矫形外科医生认为,波音公司发明的这种保护天线的泡沫材是用以修补受损骨骼的理想"脚手架"材料。他们把这种材料植入兔子骨骼,没有发现排斥反应;在取出泡沫材料植入物后他们发现泡沫材料植入物上已有许多新的骨细胞和血管在泡沫材料的孔隙中生长。

研究发现,骨细胞是以电信号方式相互"通信联系"的,吸引骨细胞生长的方法是在"脚手架"材料上加一个电场。由于电磁信号能够无阻地通过泡沫材料,因此,可使骨细胞电信号很方便地吸引新生的骨细胞进入泡沫材料,从而使骨细胞能顺利生长,完成受损骨骼的愈合。

超导性能的有机塑料

美国研究人员最近在塑料研究方面获得了重要突破：他们研制出同时具有磁性和超导性能的有机塑料聚合物。科学家们认为,这一成果有利于研制量子计算机和超导电子所需要的廉价而又灵活的元器件。

据美国《未来学家》杂志报道,这项研究成果是林肯内布拉斯卡大学的一个研究小组取得的。这种塑料磁体在世界上尚属首次,它是一种具有磁性的有机聚合物。

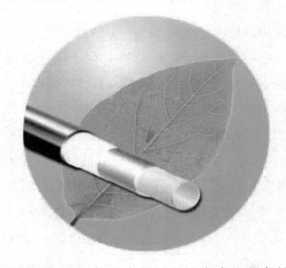

由这所大学的化学教授安德列兹·拉杰卡领导的这个小组研究的这种有机塑料磁体,与目前广泛使用的金属磁体比较起来,具有以下的优点:它比金属磁体重量轻、成本低,而且这种有机塑料还容易加工成各种形体的材料,比如塑料薄膜和涂料等。此外,科学家们还可以很容易地把聚合物的其他性能也掺杂到这种有机塑料里，这样就可以制造出能够对微小磁场产生反应比如改变自己形状的材料。

事实上科学家们在此之前已经研制出有机磁体，不过这种磁体是利用小分子晶体材料制成的，而内布拉斯卡大学研究小组研制的是世界上第一种具有磁性的有机聚合物。这种有机聚合物在绝对温度10度以下即华氏零下455度的低温条件下产生超导性能。

由化学、材料学和物理学科学家组成的内布拉斯卡研究小组说，他们的工作是更加广泛的塑料电子研究努力中的一部分。他们未来研究的重点将是解决这种材料性能的稳定性和提高超导的起始温度。他们表示，他们将通过改变有机塑料聚合物的分子结构，大大提高聚合物呈现超导性能的温度。据这个研究小组的一位成员说，如果采用他们的方法，许多有机材料现在都有可能具有超导性能。他们努力的最终目标将是利用有机塑料磁体来代替目前广泛使用的金属磁体。

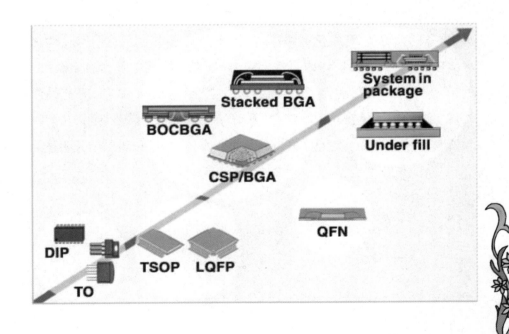

新型生物净水剂

一种新型生物净水剂"科利尔"活菌生物净水剂目前由湖北科亮生物工程有限公司开发研究成功,通过湖北省省级科研成果鉴定。

据专家介绍,"科利尔"活菌生物净水剂在水产养殖和环保领域应用价值较高,可有效解决水产养殖过程中的水质污染问题,降低水产养殖生物的发病率,对江河、湖泊、人工及自然景观水源污染以及生活废水、饮食废水和某些工业废水的处理具有明显效果。

活菌生物净水剂——高密度发酵技术的主要效果是能够有效消除水中有机物、腐殖质,净化水体;降解氨氮、亚硝基氮,分解硫化氢;增加水体中和鱼、虾、蟹、蚌体内有益菌群,抑制有害细菌生长,增加鱼、虾、蟹、蚌等水产品的抗病能力,预防鱼病发生;稳定水体 pH 值,补充微量元素。这种技术已在我国沿海 70 万亩养殖水面和北京动物园、北京朝阳公园、广州动物园、上海桂林公园等景观水体中试用,效果十分明显。

新型绷带

　　美国研究人员最近开发出一种绷带，与绝大多数普通绷带只是简单地对伤口进行包扎不同，这种绷带具有很强的修复、再生受损组织的功能。

　　新型绷带由美国威斯康星－麦迪逊大学的研究人员开发成功，已经申请专利。据该校发布的新闻公报介绍，这种新绷带中包含有一种胶状物，可以直接附着在伤口部位，并可随着时间的推移形成在紫外线照射下能够自然降解的弹性固体。

　　研究人员指出，在烧伤或骨折等情况下，伤口部位的细胞赖以生长的"骨架"常常会遭到损坏，细胞的功能也会因此受到影响。新型绷带的胶状物中含有聚合物以及其他分子，它们不仅组成了与自然细胞生长"支架"类似的结构，而且这些分子还能与伤口部位的细胞相互作用，通过信号传递机制促进细胞生长，从而能更有效地控制受损组织的再生。

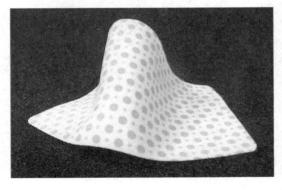

化学键修补裂痕

　　如果损坏的物品能够自我修复该有多好，如断裂的眼镜能自动修复完好如初，这也是科学家一直在努力研究的一个课题。最近，美国洛杉矶加利福尼亚大学特殊材料学院的弗瑞德·伍德发明一种新材料，这种材料在多次断裂后仍能自我修复。

　　为寻找一种能"自愈"的材料科学家已开展多年研究，不久前，美国伊利诺斯大学的工程师曾研制出一种能自我修复裂痕的聚合物。这种聚合物修复裂痕的机理是在材料中预先嵌入装有化学试剂和催化剂的小胶囊，在材料发生断裂时，可通过两者的化学反应填补裂缝。不过化学试剂用完后这种材料的自我修复功能便会消失。而弗瑞德·伍德发明

的新材料是一种透明塑料，这种塑料在受热后能自动修复裂痕，更重要的是，这种修复裂痕的反应是可逆的，因此不存在失效问题。

　　这种新材料的自我修复功能是靠两种有机分子 (呋喃

和马来酰亚胺)之间的狄尔斯—阿尔德反应形成聚合物长链获得的。这种反应是可逆的：如果对塑料加热，可使它们分解成原来的活性分子，这样，它们就能再次发生反应修复裂痕。为得到这种能自我修复的透明塑料材料，伍德控制化学反应使聚合物链生成三维网状结构(而不是分散的链状结构)，材料中分子链的基本结构单元含有 4 个呋喃基分子和 3 个马来酰亚胺基分子。这种新型塑料韧性强、透光性好，在室温下十分坚固。

这种材料是如何实现自我修复功能的呢?研究人员在一台机器上拉伸这种塑料，直到它们断成两段；一两天后，伍德把两片断裂的材料紧紧地夹在一起，把它们加热到 120 摄氏度，然后再使它们冷却，这样，断裂的两片聚合物间的裂缝在冷却时就能自我"愈合"，"愈合"后只留下不很明显的痕迹。因聚合物并未熔化，而是靠化学键重新连接在一起的，因此这与焊接不同。

这简直太妙了——当塑料裂开时化学键断开，而重新形成化学键时又能将裂缝接好。目前这种材料的不足之处有两点：一个缺点是材料的"愈合"需要人工加热；另一个缺点是"自愈"后塑料片的强度会降低 40%(这是因为要使破裂的表面完全不留气体是很困难的，而气体的存在会使化学键连接的牢固程度降低)。

这种新材料可用作计算机线路板。如果计算机线路板出现裂缝，线路板上的电路就会损坏，而在使用过程中，计算机会定期被加热和冷却，这样，如果在使用中线路板出现了裂痕，它会在下一次加热时自我修复，从而可保护线路板不致损坏。

伸缩自如的新材料

　　日本东京大学伊藤三助教授和科学技术振兴事业团的奥村泰志研究员开发成功一种伸缩自如的新材料，它和橡皮一样，伸缩性很强，而且不会损坏，具有很广泛的用途。

　　据《日经产业新闻》报道，这种被研究人员称为"GEL"的新材料是一种半固体物质，无色透明，由对身体无害的糊精环和高分子聚乙二醇合成，和橡皮一样具有弹性，如果含有80％的水分，体积可增加8倍，即使体积膨胀到一千倍，网状分子结构也不会破坏。

　　由于是半固体状态，它可以流到模型里，加热后变为人们需要的形状；由于有很强的吸水性，它可以代替隧道工地堵水用土；由于有很强的透氧性，它用于隐形眼镜片不会给眼睛带来负担。

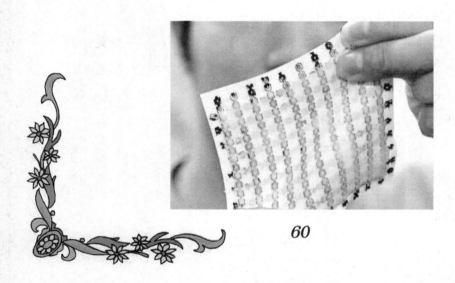

能"记忆"的玻璃

　　将印有文字和图像的纸片盖在一块透明的玻璃上，然后用短波紫外线、X 射线、γ 射线进行高能电磁辐射,玻璃就能自动"默记"这些文字、图像。当受到日光等长波光源照射后,在暗背景中保存的这种玻璃,仍能把文字、图像再现出来。这种神奇的玻璃是以中国科学院长春应化所苏锵院士和李成宇博士为首的科研小组研制成功的。它是由一种新型红色长余辉发光材料在玻璃上经特殊工艺处理做成的,并且,科研小组还在世界上首次发现了它的存储记忆功能。

　　所谓长余辉发光,是指白天在太阳光、日光灯或其他高能电磁辐照下将能量储存,晚上再把所储能量释放出来从而发光。为人们所熟知的"夜光粉"即是长余辉材料的一种,但它只能发出黄绿色一种光,发光时间一般仅为一、两个小时,且亮度低。以往,为维持其发光强度,都采取加入放射性元素的办法,但这会对人的健康和环境造成危害。如何找到一种更科学的长余辉发光材料,一直受到人们关注。

　　1996 年,苏锵的科研小组开始了新型长余辉发光材料的研究。先后成功研制出能发出绿光、蓝光、紫光、红光的长余辉材料,发光时间也更长,发光亮度和耐光性更强,黑暗中肉眼可见达数十小时以上;他们还制成了玻璃、陶瓷等不同发光体模块。在苏锵的实验室暗房中,记者看到了由这些长余辉发光材料制成的粉状、椎状、块状等多种形体的玻璃陶瓷发光体模块,发出各种夺目的光彩。其中的长余辉红色玻璃更是具有透明、发红光,晶化后可由红色变成不透明的绿色或黄色,余辉时间长,可将文字、图像写入、存储、读出等神奇特点。

另据苏锵介绍,这些长余辉发光材料的主要原料提取自稀土,我国稀土储量占世界80%,长余辉发光材料的研发不仅可以带动稀土资源的综合开发利用,同时,由于不用电就能发光,使得长余辉发光材料在工业、民用领域的用途十分广泛。待"储光"技术进一步成熟后,这种玻璃在高科技领域的应用前景不可限量,一套大百科全书的内容都可能"写"在一块拇指大小的玻璃晶片上,而动态的三维立体影像也,也可以完整无损地长时间保存下来。

固体气凝胶

　　美国宇航局科学家研制出的一种气凝胶,作为世界最轻的固体,正式入选吉尼斯世界纪录。这种新材料密度仅为每立方厘米 3 毫克(每升 3 克),是玻璃的千分之一。

　　美宇航局喷气推进实验室发布的新闻公报说,该实验室琼斯博士研制出的新型气凝胶,主要由纯二氧化硅等组成。在制作过程中,液态硅化合物首先与能快速蒸发的液体溶剂混合,形成凝胶,然后将凝胶放在一种类似加压蒸煮器的仪器中干燥,并经过加热和降压,形成多孔海绵状结构。琼斯博士最终获得的气凝胶中空气比例占到了 99.8%。

　　气凝胶因其半透明的色彩和超轻重量,有时也被称为"固态烟"。这种新材料看似脆弱不堪,其实非常坚固耐用,最高能承受 1400 摄氏度的高温。气凝胶的这些特性在航天探测上有多种用途。俄罗斯"和平"号空间站和美国"火星探路者"探测器上,都用到了气凝胶材料。

　　新入选吉尼斯世界纪录的气凝胶材料,特性比以往有所改进。此前,世界最轻固体的纪录由另一种气凝胶保持,它的密度为每立方厘米 5 毫克。

新手术用线

做完手术当然需要缝合伤口，但在许多外科小手术中往往没有足够空间用来缝合病人的伤口，带来不少麻烦。德国科学家与美国科学家最近发明了一种可以自行缝合伤口的手术用线，大大简化了手术伤口的缝合过程。

来自德国亚琛大学的科学家与美国科学家在新一期《科学》杂志上介绍说，他们利用合成材料制作出了一种新型伤口缝合线。当医生在做完手术之后，只需要将这种缝合线放置在伤口的合适部位然后进行适当的加热，该缝合线就能自行结节并相互拉紧，达到缝合的效果。

科学家解释说，他们制造该缝合线的合成材料具有一种所谓的"形状记忆"功能，可以根据加热到的不同温度恢复到之前曾经给定的形状，也就是各种扭结的效果。此外，该材料对人体无毒，不会产生任何不良反应，并可以在一段时间之后自行分解，而且不会在人体内留下残余物质。

"纳米水"

"纳米水"不是普通的水，它是纳米燃油添加剂的俗称。目前主要针对车用柴汽油和燃料油使用，可实现用物理方法解决燃油燃烧的化学问题。北大博雅科贸有限公司正在大力开发并致力于产业应用。

NANO 牌纳米燃油添加剂是北大博雅公司向社会推出的第一个产品，只需要在燃油中以八千分之一的比例添加该产品，就能够促使燃油燃烧得更加充分，从而实现节约燃油、增加动力、减少污染物排放等效果，通过了多家国家权威检测单位的检测，2000 年就已经投放市场。依据这种技术和其他相关技术，该公司还将陆续向社会推出纳米润滑油等一系列产品。

"纳米水"的工作原理是：把自由水经过纳米组装技术的处理后，组装成 6 纳米左右的水颗粒，然后加到连续的油相当中，形成热力学稳定的纳米燃油，让燃油在燃烧前通过进行水颗粒微爆的二次雾化作用，炸碎燃油雾滴，使之进一步雾化，实现更加充分和均匀的燃烧，达到提高燃油的燃烧效率和机械效率，进而实现提高发动机动力性能、节省燃油和保护环境的功效。另外，纳米水颗粒的微爆作用还能有效地清除发动机燃烧室内的积炭。

光盘存储材料

我国高密度光盘存储材料研究又获重要成果,由中科院院士、上海光学精密机械研究所干福熹研究员主持的国家自然科学基金和上海市科技发展重点项目"蓝绿光高密度光盘存储材料研究"在沪通过了以中科院院士王占国为主的鉴定委员会的验收。

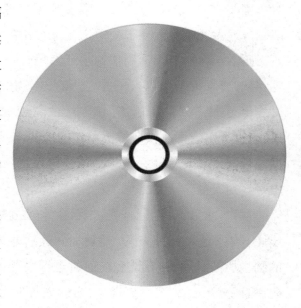

3年来,在国家自然科学基金和上海市科学技术发展基金的支持下,"蓝绿光高密度光盘存储材料研究"项目组的研究人员在干福熹院士的领导下系统地研究了蓝绿光可录和可擦重写高密度光盘存储材料的化学成分、微观结构、制备条件与其光学、光谱与光存储性能间的关系,取得了重大进展;在蓝绿光无机光存储材料方面取得了一系列全新结果,有机材料用于蓝绿光高密度光存储也取得了突破和创新,有多种材料可用于蓝绿光可录和可擦重写高密度光盘存储。

蓝光和蓝绿光高密度光盘(HD-DVD)存储技术是继 DVD 之后新一代高密度光存储技术，今后主要应用于数码相机、高清晰度数码录像机、高清晰度数字音像和数码电影等消费类光电子产品，具有巨大的市场前景，因此国外各大公司都在强强联合加紧投入资金进行研究。光存储材料是高密度光盘存储技术的关键，也是我国在该项技术上获得自主知识产权的重要突破口。干福熹院士在多年前就提出了此项具有基础性、战略性和前瞻性的课题，本项目的研究成果将为下一代光盘(HD-DVD)提供性能优良、有实用价值的有机和无机存储材料。

专家们一致认为该项目全面、出色地完成了预定目标，取得了具有国际先进水平的研究成果。一系列创新性的研究成果具有极强的产业化前景，为我国 HD-DVD 的研发打下了坚实的技术及原材料基础，将使我国的高密度光存储技术研究、开发和生产技术水平迈上一个新台阶，使之成为国民经济新的增长点。

纳米滤膜

当天体物理学家在设法实现人类畅游宇宙空间的梦想时，澳大利亚和美国的一个科研小组正忙着探索一个空间相对极限的问题——让分子通过纳米空间。

5月8日，这个小组宣布了一项世界领先的纳米滤膜技术，该技术成果已经公布在《科学》杂志上。纳米滤膜有着极其广阔的应用前景，最大的应用价值是利用它过滤和分离多种气体和蒸气。

研究小组负责人之一的安妮塔·希尔博士在介绍纳米滤膜技术时说："正如天体物理学家研究时空中的'蠕虫洞'，希望有朝一日人类可以自由穿梭其间；我们的工作则是设法在滤媒中创建最小的蠕虫洞，直径只有几百万分之一毫米大小，这样就可以精确地控制什么物质能滤过，什么物质不能滤过。"

研究小组是在制造滤膜的传统有机聚合物中添加了无机物一层薄薄的二氧化硅纳米微粒，制成了一种新滤媒。研究小组发现，这种组合使滤膜具备了超强的过滤能力，能使漂浮于气体中的大分子有机物与气体分开。

　　构成这种纳米滤膜的材料是有机物和无机物的混合物，因而把它称为纳米复合物，它质地坚韧，具有非同寻常的传导性和光学性能，并且可以用做催化剂。研究小组已证实，纳米复合物还具备一种新的、极有前途的特性，它能在分子水平上过滤气体和含有机物的蒸气。这类过滤以前是用蒸馏方法来完成，往往要为设备和能源花费大量的资金。而滤膜的成本低，节省能源，属于绿色环保技术，是很不错的选择。但滤膜技术在气体分离中的应用至今还很有限，原因即在于缺乏可以快速、低成本并稳定地提取纯净物的合适的膜。

　　一般说来，一种聚合物在萃取纯净气体方面的选择性越强，它的通透性就越小，其价格也就越昂贵。希尔博士表示，新的纳米微粒聚合物可以保证高效率的过滤和高通过率，从而提高效益。

　　虽然该技术尚处于试验规模阶段，但希尔博士相信，随着试验的发展，该技术很可能会大大提高一些行业的生产效率，并对从水源净化，清除环境污染，到生产出质量更高的燃料和石油化工产品，制造成分更纯的药物，以及将海水净化为饮用水等许多领域的工作产生广泛的影响。

光纤技术

随着科学技术的迅速发展,光导纤维现已在通信、电子和电力等领域日益扩展,成为大有前途的新型基础材料。与之相伴的光纤技术也以新奇、便捷赢得人们的青睐。

美国拉里安公司成功地运用光纤完成了输电功能,在电力领域中开拓出一条崭新的途径。他们在发送端利用半导体激光二极管,把电能转变为激光在光纤中传送,用太阳能电池作为接收端器件。这种器件用 300 微米厚的砷化镓作为绝缘基片,上面覆盖有 20 微米厚的太阳能电池。它被分为 6 个独立的区域,这些区域由镀金的空气桥串联起来,当由光纤传来的激光照射到太阳能电池时,光能立即变成电能。每个区域产生的电压恰好是 1 伏,六个区域串起来就有 6 伏电压,足可供大多数传感器的控制电路使用。如果把激光二极管的功率继续提高,再配上整套的电能传送系统,光纤输电就可以广泛地使用于军事、工业、商业等各个方面。法国专门从事计算机、电子设备、信号处理和图像技术的波根实验室,利用光的孤波子和短脉冲,可在光纤内实现无失真传输。这一技术可解决色散和非线性效应问题,无需沿光缆设置多个再生装置。工作时只需在每100公里左右的地方设置一个放大器。孤波子波就可以相互穿越,互不干扰。据称,这一新技术用于6450～12900公里海底潜艇,可以解决通讯困难问题。美国通讯保密专家研制的一种无规律载波信号光纤通讯技术,专门用以对付当今日益猖獗、手段高明的窃听高手。该技术首先将话音之类的有用信息转换为数字脉冲信号,然后再将这些数字脉冲信号编码,调制到无规律变化的随机微波载体上。发送时,激光发射装置将载有信息的无规律载波信号经光纤通讯系统发射至收讯方。收讯方的激光接收机以专用技术与发送激光装置同步动态协调工作,最终完成将有用信号从无规律载体上解调的任务。使用该技术,窃听高手们将再也没有用武之地了,他们只会听到杂乱无章的噪音。澳大利亚保林公司,最近研制出一种光纤秤,利用一根光纤和一个激光器就可以给卡车称重。这种光纤秤利用了一种电阻特性非常特别的光纤,当它受到压力或张力时,光纤会发生轻微的变形,导致激光的特征发生变化。这时,探测器会立即将这一变化获悉并转换为电信号的变化。从而在仪器的显示盘上反映出。由于光纤是由玻璃制作的,它具有耐湿、耐辐射的性能,更重要的是,它易于安装和保养,适用于安装在城区的主干道、工厂周围、机场和跑道、仓库以及港口等地,进行24小时的连续工作。所以,除了可以进行称重之外,还能够起到监控作用,精确程度远远超过现有的电子装置。

据美刊新近报道,由美国麻省波士顿光纤公司研制的一种塑料光纤,它的传输速度比现用标准铜线快30倍,而且比玻璃纤维的重量轻、柔性好、成本低。这种光纤利用光的折射或光在纤维内的跳跃方式来达到较高的传输速度,可在 100 米内以每秒 3 兆比特的速度传输数据。目前,全世界已经铺设海底光缆达 37 万公里,这个长度几乎可以围绕地球 10 圈。而且,由于两端采用了激光器,在传输中已经不再需要放大信号的中继器,这样,就会使成本大大降低,通话费用相应减少。据报道,世界上容量最大、连接欧美的海底光缆将于今年开通。这个连接全世界的海底通信光纤电缆正在铺设之中,这是 20 世纪通信领域最宏伟的工程,得到全世界 30 个国际电信组织的支持。它横跨大西洋、穿越地中海,经红海和印度洋,穿过马六甲海峡进入太平洋。全长近 32 万公里,连接 175 个国家和地区,能够同时使 240 万部电话通话或同时传输几十万幅压缩的画面。

纳米催化剂

由中科院固体物理所和蚌埠化工研究所共同承担的安徽省科技厅"九五"攻关项目——"固载型纳米催化剂研制及其在亲水性硅油合成中的应用"日前全部完成,并已通过了专家鉴定。专家们认为,成果达到了国内领先水平。

固载型纳米催化剂的研制难度很大,国内外尚未见报道。3年来,固体所纳米中心的科技人员,在经过纳米功能膜改性的纳米多孔小球上,组装铂、钯等纳米粒子,获得了一种新型催化剂。

以这种固载型催化剂代替氯铂酸,用亲水性有机硅的合成,能多次回收和多次使用,可降低生产成本、提高产品质量。该项研究完成了预定的指标,其制备技术属国内首创。催化转化率达98%以上;可用于催化反应3次以上;合成产物中重金属残留量小于10ppm。该固载型纳米催化剂的研制成功,解决了亲水性有机硅合成的难题。亲水性有机硅主要用做纺织品的整理剂、消泡剂,经纺织印染行业试用,其面料可涵盖棉、毛、麻、涤、混纺等品种,其色彩可拓展至全部色系,经处理后的产品有优异的柔顺性及抗静电性。由于用新工艺合成出亲水性硅油,铂的残留量大幅度降低,拓展了亲水性有机硅的应用领域。减少了贵重金属的使用和排放量,有利于节约资源,保护环境,具有积极的社会效益和经济效益。

纳米管束

拥有众多奇特性能的碳纳米管,近年来受到科学界的普遍青睐。但利用传统方法制造出的碳纳米管束长度通常只有几十微米,其应用开发受到局限。而由中美科学家组成的一个研究小组在这一领域里的研究却取得了突破,他们利用一种简单的方法,合成出了厘米级的由单层碳纳米管组成的碳纳米管束。

中国清华大学和美国伦塞勒理工学院的研究人员,在新一期美国《科学》杂志上报告了他们的最新进展。他们制造出的碳纳米管束最长达到了 20 厘米,状如人的发丝。有关专家认为,这一成果是向制造可用于电子设备的微型导线等迈出的重要一步。

研究人员此前曾利用一些复杂方法制造出了碳纳米管束,但它们的长度都很有限。中美科学家在研究中对合成碳纳米管常用的化学气相淀积方法进行了改进。改进结果显示,在化学气相淀积过程中加入氢和另外一种含硫化合物后,不仅能制造出更长的碳纳米管束,而且这些碳纳米管束可由单层碳纳米管通过自我组装而有规律地排列组成。

研究人员认为,他们的新方法作为一种更为简便的替代工艺,也许还可以用来生产高纯度的单层碳纳米管材料。

碳纳米管是由石墨碳原子层卷曲而成的碳竹,它的直径通常为几纳米到几十纳米(一纳米为 10 亿分之一米),管壁厚度仅有几纳米。碳纳米管具有很多新奇性能,比如说韧性高,导电性强,兼具金属性和半导体性等,因而在很多领域都有重要应用潜力。

碳纳米管显示器

在普通电压的驱动下，一厘米见方硅片上有序列的上亿个碳纳米管立刻源源不断的发射出电子。在电子的"轰击"下，显示屏上"CHINA"字样清晰可见……我国一个研究小组利用碳纳米管研制出了新一代显示器样品。

截至目前，空虚显示器已连续无故障运行 1600 个小时，显示质量和性能没有出现任何衰减。专家认为，这标志着我国在碳纳米管应用上取得重要突破，并跻身于碳纳米管场发射研究领的世界先进行列，为通用平板显示器的研发开辟了新的捷径。

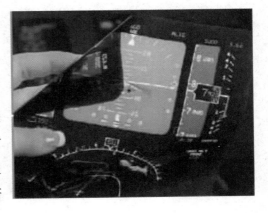

1991 年科学家发现了"超级纤维"碳纳米管。近年来，科学家发现碳纳米管具有极佳的场发射性能，有望替代其他材料成为较理想的场发射显示器阴极材料，从而拉近了碳纳米管和普通百姓的距离。

利用这种性能，韩国和日本的专家去年以来先后研制出具有初步显示功能的实验品。但因碳纳米管需要移植，很难保持方向上的一致性，其场发射性能大打折扣。

在"超级纤维"领域实力不弱的我国科学家近年来也开展了相关研究，并于今年7月取得突破。西安交通大学朱长纯教授率领的小组采用新的技术途径，引导碳纳米管有序、定向生长在导电的硅片衬底上，并进而研制出功能完备的场发射像素管。因纯度高，有序性好，场发射性能也大大提高，在碳纳米管平板显示器的实用化进程中做出了中国人的独特贡献。

和传统显示器比，这种显示器不仅体积小，重量轻，大大省电，显示质量好，而且响应时间仅为几微秒，从零下45度到零上85度都能正常工作，因此拥有极广阔的潜在市场前景。

碳纳米管可制成极好的微细探针和导线、性能颇佳的加强材料、理想的储氢材料。它使壁挂电视进一步成为可能，并在将可能替代硅芯片的纳米芯片中扮演极重要的角色，从而引发计算机行业革命。

碳纳米材料一直是近年来国际科学的前沿领域之一。从近期美国《科学素引》发表的和碳纳米管有关论文数看，我国排在美、日之后位居世界第三。

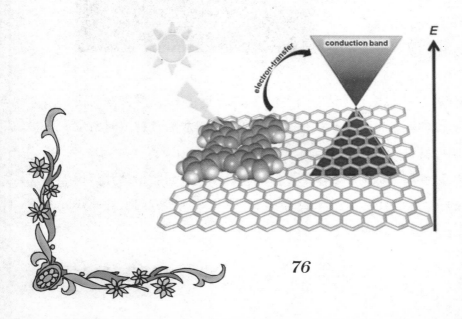

陶瓷骨

一种有望用于人体的陶瓷骨日前在上海面世。中科院上海硅酸盐研究所的科研人员说,不久的将来它将造福无数患者。

中国工程院院士丁传贤介绍说,陶瓷骨的"内核"是金属钛合金,质地十分坚硬,外披一件陶瓷"外衣"。这层"外衣"是在摄氏 2 万度高温下用等离子体高速喷涂而成的。它除外形与人体骨相似外,还能与人体"和睦相处"。科研人员出示的 X 光片显示:受伤小狗的体内植入陶瓷骨,数个月后周围的肌肉开始与其融洽相连,新旧骨骼逐渐延伸直至融为一体。这主要是因为陶瓷骨的陶瓷涂层与人体骨组织中的主要无机成分相似。

据介绍,我国每年因各类事故、疾病引起的骨缺损或骨损伤患者约 300 万人,骨骼不健全人群则达 1000 万人,而我国临床目前用的人工骨多由金属制成,缺乏生物活性与相融性,而具有良好的生物活性与力学性能,是陶瓷骨的最大优点。它有人工膝关节、胫骨等多个品种,颜色微微泛白,用镊子敲上去发出铮铮响声。科研人员说,人工骨一旦穿上陶瓷"外衣"后,就会被人体视为"自己人",加速骨骼愈合,促进组织生长。

自洁玻璃

一种无需人工清洗的自洁玻璃研制成功,年内可望投产面世。这是武汉理工大学赵修建教授 10 年辛勤研究的成果。

高层建筑的玻璃幕墙、玻璃窗清洗起来既艰苦,又危险。从 1993 年起,赵修建教授开始了玻璃自洁的研究,在实验中发现一种半导体材料具有奇异的自洁特性:在光照下产生自由电子"空穴对",可以分解附着的有机物质;同时,这种材料有极强的"亲水性",水在材料表面扩散迅速,不易形成水珠,可将大量尘土等无机物冲走。据此,他将这种材料制成了"玻璃镀膜",镀在普通玻璃表面。实验证明,在光照下,玻璃真的能够分解油污、动物粪便和微生物,经雨水冲刷后,洁净度明显提高。

自洁玻璃顺应了建材生态化国际潮流,在高楼幕墙、汽车、光学仪器方面有突出的应用优势。目前,已有一家公司与武汉理工大学合作,决定批量生产"自洁玻璃",下半年投放市场。

据介绍,武汉理工大学在玻璃科学与技术方面一直处于国内领先水平,多次承担国家自然科学基金、"863"、国家攻关等重大科研项目。目前,该校聘请 6 位国外知名教授,联合国内 17 个玻璃生产厂家,成立了国际玻璃研究中心,构建我国玻璃科学技术领域的一流产学研基地。

晶体材料的"大宝石"

在外层空间微重力的条件下,克服了地面上无法避免的重力对流、沉降等不利因素,可以生长出在地面难以得到的晶格缺陷少、组分均匀、结构完整、性能优良的晶体材料,科技人员把这些晶体材料形象地比喻为"摘自九天的珠宝"。

作为一项重要的实验内容,空间材料科学实验继续列入了"神舟"三号应用系统试验任务。该项目的技术负责人、中国科学院物理研究所研究员聂玉昕介绍说,此次在"神舟"三号上继续使用多工位空间晶体生长炉开展了多种重要晶体的空间实验,各项实验步骤进展得都非常顺利,目前科技人员正在对回收的空间样品进行对比分析。

我国空间材料科学研究始于1986年,在"863"计划开始后不久,我国就开始组织科研人员对空间材料科学进行比较系统的调研和介入。在"神舟"飞船发射之前,科技人员就已利用返回式卫星,成功地开展了多次空间材料科学实验。

通过这些科学实验,我国科技人员成功地得到了空间生长的砷化镓单晶。砷化镓是一种制备半导体器件的关键材料,在微波通讯、光通讯及超高速计算机方面起着重要的作用,如利用砷化镓研制集成电路制造的高速计算机,运算速度可提高千百倍。但由于重力的影响,在地面研制的砷化镓单晶材料存在均匀性差、缺陷多、纯度低、不稳定等诸多"缺点",而在卫星上生长的砷化镓单晶则没有杂质条纹,材料均匀性

好,点缺陷少,整体性能有很大的提高。

聂玉昕介绍说,晶体材料的生长要经过加温、控温、熔化、凝固、结晶等过程,因此对晶体加热炉的"硬件"要求很严格。另外,由于在空间开展实验机会难得,还要求晶体材料的生长装置能一次进行多种不同晶体的实验。为此,我国的科研人员研制了多套空间材料科学研究实验设备,多工位空间晶体生长炉便是其中之一。

此次搭载"神舟"三号的多工位空间晶体生长炉在"神舟"飞船前两次的发射中都圆满完成了预定的实验目标。在"神舟"三号自主飞行的 7 天里,通过自动控制程序进行移动换位,多工位空间晶体生长炉先后完成了 6 个工位多种材料的空间处理。聂玉昕介绍说,这些选送上天的材料都是在地面上已有很好的理论研究基础,并具有巨大的产业应用前景。如锑化镓晶体是制造微波器件、微波集成电路和超高速集成电路的关键电子材料;锌镉晶体是制造红外探测器的基底材料;氧化物激光晶体硅酸铋是一种重要的光信息存储功能材料;钯镍铜磷、铝镁硅等都是重要的新型合金材料,在航天、航空领域有重要的应用前景。

与"神舟"一号和二号相比,在"神舟"三号上进行的空间材料科学实验内容更加丰富。例如,在"神舟"二号已经进行了锑化镓单晶的生长实验,而在"神舟"三号上,科技人员将锰元素掺入了锑化镓单晶,以研究这种新型磁性材料的物理特性和基本规律。

聂玉昕说,微重力作为一项极其重要的物理条件必将带动前沿学科的交叉和发展,我国开展的微重力条件下的空间材料科学研究已经取得了一批成果和专利,为将来建立空间站进行更深入的材料科学研究奠定了基础。

碳纳米晶体管

美国国际商用机器(IBM)公司 20 日宣布,他们开发出了迄今性能最优异的碳纳米晶体管,它的某些指标甚至比目前最先进的硅晶体管还要好。这一成果使碳纳米晶体管在取代硅晶体管、成为未来半导体行业的主要材料的道路上又前进了一步。

研究人员在最新出版的《应用物理通讯》上介绍说,他们新开发出的"单层碳纳米管场效应晶体管",采用的是与传统的"金属氧化物半导体场效应晶体管"相似的结构。用这种办法制造出的碳纳米晶体管,与此前设计的碳纳米晶体管相比,衡量晶体管电流载流量的跨导参数值创造了新的最高记录。

载流量与晶体管的速度存在着相关性,跨导参数值越高,意味着晶体管的运行速度越快,制成的集成电路功能也更强。IBM 公司研究人员新开

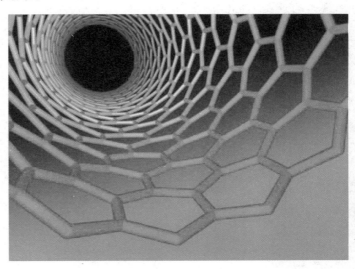

发出的"单层碳纳米管场效应晶体管",其单位宽度的跨导参数值达到目前性能最好的"金属氧化物半导体场效应晶体管"的 2 倍以上。

IBM 公司负责纳米研究的主管费顿·艾沃瑞斯博士称:"此次，科学家有力地证实了碳纳米管作为硅芯片继承者的可行性。尤其是在目前，科学家再也无法通过缩小硅芯片的尺寸来提高芯片速度的情况下,纳米管的作用将更为突出。"

此前一些预测认为，现有的硅芯片可能在未来 10 至 15 年达到其物理极限,而能显著缩小晶体管等尺寸的纳米电子技术将大有可为,其中,具有众多神奇性能的碳纳米管被视为替代硅材料的一个理想选择。

针对 IBM 公司公布的这一成果,一些专家评论说,IBM 公司研究人员获得的新成果, 提供了迄今有关碳纳米管有可能成为硅材料 "接班人"的最强有力证据。

不过,艾沃瑞斯博士等科学家也指出,碳纳米管电子器件真正投入商业化应用也许还要 10 年的时间。他们认为,从硅电子时代到纳米电子时代的过渡不会一蹴而就, 可能将是一个渐进的过程,"市场也许会出现来自这两方面的混合"。

智能材料高分子化学

如果说 20 世纪的人类社会文明的标志是合成材料,那么下个世纪将会是智能材料的时代。在这个智能材料的时代,高分子化学同样承担着不可替代的作用。智能材料是材料的作用和功能可随外界条件的变化而有意识的调节、修饰和修复。已经知道高分子具有软物质的最典型的特征,即易于对外场作出响应。软物质是指易于发生变形的那类物质。软物质不仅在一般的剪切作用下可发生畸变和流动,而且小的热涨落也会对其性质带来重要的影响。软物质包括高分子、生物大分子、液晶、胶体及乳胶和微乳胶这类两亲物质等。软物质在物质科学的研究中被越来越多的提及,产生了研究软物质的专门学科——软物理。软物质可以用来研究凝聚态物理学中的一些核心问题,如对称性、低能量激发和拓扑缺陷之间的联系。软物质研究的另一方

航空、航天　　　机械制造　　　精密加工

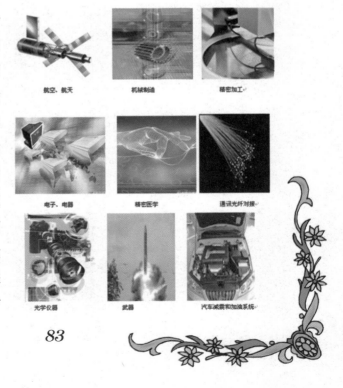

电子、电器　　　精密医学　　　通讯光纤对接

光学仪器　　　武器　　　汽车减震和加油系统

83

面的意义是软物质的应用。前面提及的软物质所包括的那些物质,实际都是有着明显的使用价值。也许正是因为如此,最近又出现了材料科学变软的提法。软物质的研究虽然目前主要还是在凝聚态物理的学术圈中进行,但其研究领域则涉及数学、化学、化工、材料、生物及其交叉学科,被认为是下个世纪物质科学及其相关学科中的重点研究内容之一。因此在高分子化学的研究中,引进软物质的概念,利用外场的变化构建高分子材料的特殊结构,实现外场作用下高分子材料的作用和功能的实时调制,应是高分子智能材料研究的重要内容。

广义上的智能材料也应包括生命材料。由于生物大分子和合成高分子都属于软物质,因此软物质科学的研究也有助于高分子生命材料的研究,虽然目前合成高分子也能模仿蛋白质分子的自组装,但却没有蛋白质分子那样的生命活性。这是因为合成高分子的分子链缺少确定的序列结构,不能形成特定的链折叠。如果在合成高分子膜的表面附着蛋白质分子或有特定序列结构的合成高分子,研究这些表面分子折叠的方法、规律、结构和活性,形成具有生命活性功能,比如排斥和识别功能的软有序结构,再通过化学环境、温度和应力等外场来调节这些软有序结构,从而控制外界信号向合成膜内的传递,实现生物活性的形成和调控,尝试合成高分子生命材料。

高分子化学对资源的依赖

化学是制造和研究物质的科学。调节原子和分子在物质中的组合配置，控制物质的微观性质、宏观性质和表面性质，就可能使某种物质满足某种使用要求，因而这种物质就能作为材料来使用。因此材料的制备对资源的依赖性和材料的使用与环境的协调性，就成为化学研究中一个独特而又十分重要的方面。当代高分子合成材料依赖于石油这种化石资源。由于石油的生成是一个漫长的地质过程，同时石油又是当代人类社会的主要能源，石油资源正日益减少而又无法及时再生，因此寻找可以替代石油的其他资源，则成为21世纪的高分子化学研究中的一个迫切需要解决的问题。其解决的途径可以是天然高分子的利用，也应包括合成无机高分子的探索。

21世纪利用源于植物的高分子，显然不同于上个世纪对天然高分子的简单使用。结合基因工程的方法，促使植物产生出更多的可直接使用的天然高分子，或可供化学合成用的高分子单体。采用生物催化剂或菌种，将天然的植物原料，如淀粉、木质素和纤维素等，合成为与有机高分子相似的结构或性质更优异的高分子。这些由植物资源获得的高分子，不仅扩大了合成高分子的原料来源，而且得到的合成高分子还具有环境友好的特征，可以是生物降解的，可以是焚烧无害的，可以是循环再生的。目前来源于石油资源的合成高分子，其主链上的原子以碳为主兼有少量氮、氧等原子，因而称为有机高分子。无机高分子则泛指主链

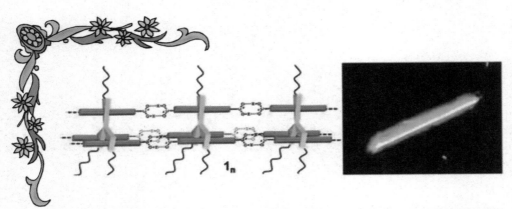

原子是除碳以外的其他原子。按元素性质判断约有四五十种元素可以形成长链分子。目前报道的有全硅主链、磷和氮主链、硅氧及硅碳主链、全锗和全锡主链、硫磷氮和硫碳主链、含硼主链以及含过渡金属主链的无机高分子。其中主链全部是硅原子且具有有机侧链的聚硅烷应是值得注意的一种无机高分子。这既是由于硅是地球上储量最丰富的元素，又是因为聚硅烷既可用作结构材料又可用作功能材料。无机高分子的研究充分体现出了单体分子的选择和化学反应的控制，是如何决定高分子材料的性能和功能的。

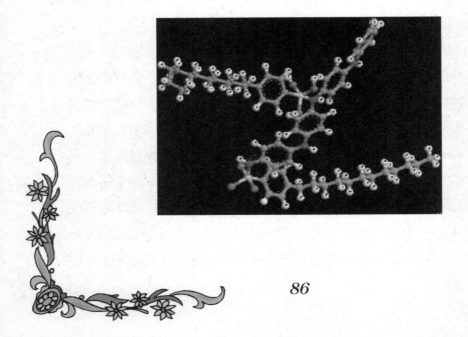

高分子材料纳米化

现有的高分子化学反应中原子重新排列键合的反应空间一般都较原子尺寸大得多,因此化学反应是在非受限空间进行的。如果在有限空间或环境中,如纳米量级的片层中,小分子单体因为与片层分子的物理相互作用而被迫在此受限空间中进行某种方式和程度的排列,然后再发生单体的聚合时,聚合产物的拓扑结构既不可能是受限空间的完全复制,又不同于自由空间中得到的情况。我们从这种受限空间的聚合反应也许可以提出高分子纳米化学的概念。化学的制备对象从来都是纳米量级的原子或分子,但由于其方法不够精细,不能在纳米尺度上实现原子或分子的有目的的精确操纵,因此即使目前可以做到分子的精确设计也较难实现,从而使得化学合成给人以粗放的感觉。高分子的纳米化学,就是要按照精确的分子设计,在纳米尺度上规划分子链中的原子间的相对位置和结合方式,以及分子链间的相互位置和排列,通过纳米尺度上操纵原子、分子或分子链,完成精确操作,实现纳米量级上的高分子各级结构的精确定位。从而精确调控所得到的高分子材料的性质和功能。高分子纳米化学的目的就是实现高分子材料的纳米化。

高分子材料的纳米化可以依赖于高分子的纳米合成,这既包括分子层次上的化学方法,也包括分子以上层次的物理方法。利用外场包括温度场、溶剂场、电场、磁场、力场和微重力场等的作用,在确定的空间或环境中像搬运积木块一样移动分子,采用自组装、自组合或自合成等

87

方法,靠分子间的相互作用,构建具有特殊结构形态的分子聚集体。如果再在这种分子聚集体中引发化学合成键,则能得到具有高度准确的多级结构的高分子。通过这种精确操作的高分子合成,可以准确实现高分子的分子设计。

高分子材料的纳米化还可以通过成型加工的方式得以实现,即在成型加工过程中控制高分子熔体的流动,调节高分子的结构形态从而控制使用性质。高分子材料的纳米化研究不仅应包括纳米化制备方法,还不应忽略高分子材料的纳米结构的观察和纳米性质的测量。因为结构和性能决定材料的使用价值。而高分子材料的纳米化的结果,是使得表面层上和界面层上的结构和性能表现出特异性,这部分也是由于在表面和界面的尺寸限制下,高分子材料的相结构和形态发生突变所致。因此需要开展表面层上和界面层上的相结构、相行为及分子链动力学的研究,建立相应受限条件下的高分子材料的构效关系。采用的研究方法中,计算模拟和扫描探针技术等都是十分有用的。

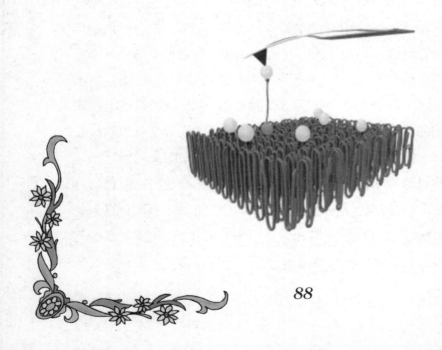

高分子化学的创新

　　高分子化学作为材料科学的一个支撑学科,其发展事实已经表明,化学方法制造出来的聚合物,当其作为高分子材料使用时,其作用和功能的发挥,不只是单靠由化学合成决定的一级结构,即分子链的化学结构,还要靠其高级层次上的结构,即靠高分子聚集体中由物理方法得到的、非化学成键的分子链间的相互作用的支撑和协调。有的时候这种高分子聚集体和这些高级结构,如相态结构和聚集态结构,对高分子材料尤其是高分子功能材料的影响更为明显。

　　这种物理方法得到的非化学成键的、分子链间的相互作用的形成,可以通过所谓的物理合成或物理组合的方法来实现,即用物理方法将一堆分子链依靠非化学成键的物理相互作用,联系在一起成为具有特定结构,如超分子结构的高分子聚集体,从而显示出特定的性质。因此21世纪的高分子化学除了制造和研究一个分子链,还应包括制造和研究"一堆"分子链,在化学合成之外包括物理合成,在分子层次的研究之外还要有分子以上层次的研究。

　　因而以精确设计和精确操作为基本思路来发展和完善化学和物理的这种结合,也是21世纪的高分子化学研究,尤其是高分子材料研究中一种值得注意的方向。

高分子化学发展历程

早在 19 世纪中叶,高分子就已经得到了应用,但是当时并没有形成长链分子这种概念。主要通过化学反应对天然高分子进行改性,所以现在称这类高分子为人造高分子。比如 1839 年美国人 Goodyear 发明了天然橡胶的硫化;1855 年英国人 Parks 由硝化纤维素(guncotton)和樟脑(camphor) 制 得 赛 璐 珞(celluloid)塑料;1883 年法国人 de Chardonnet 发明了人造丝 rayon 等。可以看到正

是由于采用了合适的反应和方法对天然高分子进行了化学改性,使得人类从对天然高分子的原始利用,进入到有目的地改性和使用天然高分子。

回顾过去一个多世纪高分子化学的发展史可以看到,高分子化学反应和合成方法对高分子化学的学科发展所起的关键作用,对开发高分子合成新材料所起的指导作用。比如 70 年代中期发现的导电高分

子,改变了长期以来人们对高分子只能是绝缘体的观念,进而开发出了具有光、电活性的被称之为"电子聚合物"的高分子材料,有可能为21世纪提供可进行信息传递的新功能材料。因此当我们探讨21世纪的高分子化学的发展方向时,首先要在高分子的聚合反应和方法上有所创新。对大品种高分子材料的合成而言,21世纪初,起码是今后10年左右,metallocene催化剂,特别是后过渡金属催化剂将会是高分子合成研究及开发的热点。活性自由基聚合,由此而可能发展起来的"配位活性自由基聚合",以及阳离子活性聚合等是应用烯类单体合成新材料(包括功能材料)的重要途径。对支化、高度支化或树枝状高分子的合成及表征,将会引起更多的重视。因为这类聚合物的结构不仅对其性能有显著的影响,而且也可能开发出许多新的功能材料。

日本纳米技术

日本的纳米技术在研究开发方面,与基础研究相比,日本最重视的是应用研究,尤其是纳米新材料研究。不久前,科学家矢田光德使用铒、铥等四种稀土元素合成了纳米竹,但从展出情况看,纳米材料目前仍以碳材料为主。除了足球状的碳富勒结构和单层、多层纳米碳管外,日本开发出多种不同结构的纳米材料,如纳米链、中空微粒、多层螺旋状结构、富勒结构套富勒结构、纳米管套富勒结构、酒杯叠酒杯状结构等。钻石纳米材料及其用途也是日本高度重视的碳纳米材料。名古屋大学教授高田昌树等发现了由66个碳原子构成的富勒结构。

在制造方法上,日本不断改进电弧放电法、化学气相合成法和激光烧蚀法等现有方法,同时积极开发新的制造技术,特别是批量生产技术。细川公司展出的低温连续烧结设备引起关注。它能以每小时数公斤的速度制造粒径在数十纳米的单一和复合的超微粒材料。东丽和三菱化学公司应用大学开发的新技术能把制造碳纳米材料的成本减至原来的十分之一,两三年内即可进入批量生产阶段。

日本高度重视开发检测和加工技术。目前广泛应用的扫描型隧道显微镜、原子力显微镜、近场光学显微镜等的性能不断提高,并涌现了诸如数字式显微镜、内藏高级照相机显微镜、超高真空扫描型原子力显微镜等新产品。风险投资企业特克公司展出了便携式原子力显微镜和小型扫描型隧道显微镜,受到参观者的关注。高辉度光科学研究中心介绍了设置在兵库县境内播磨科学城内的大型辐射光设备"Spring—8"，希望各个科研单位利用它发展纳米技术。科学家村田和广开发成功亚微米喷墨印刷装置，能应用于纳米领域，在硅、玻璃、金属和有机高分子等多种材料的基板上印制细微电路，据介绍是世界最高水平。

在应用方面，日本企业、大学和科研机关积极在信息技术、生物技术等高新科技领域内为纳米技术寻找用武之地，如制造单个电子晶体管、分子电子元件等更细微、更高性能的元器们和量子计算机，解析分子、蛋白质及基因的结构等。不过，这些研究大都处于探讨阶段，成果为数不多。

但是，日本纳米技术的研究开发实力强大，处于世界领先水平。在此领域，日本不少小型风险投资企业非常活跃。展会传递的明确信号是，日本在这一高新技术领域的发展步伐将继续加快。

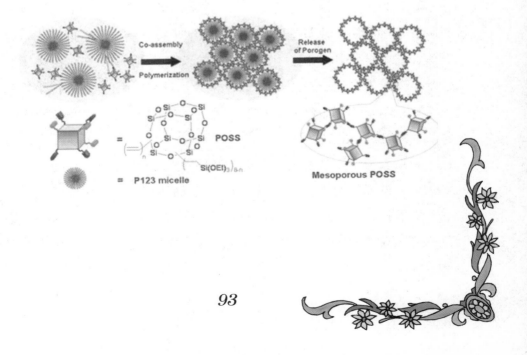

纳米电子器件

　　将打印机、电脑和视屏一股脑地折起来装入你的钱包,这就是以色列专家为人们展现的纳米聚合体电子器件应用的一个未来景象。

　　以色列技术工程学院和希伯来大学宣布,他们在研究具有高能信息传输功能的有机发光二极管中所取得了最新突破,为实现这一梦想迈出了第一步。相关成果刊登在新出版的《科学》杂志上。"使塑料发射近红外光将是把一个不可能的未来世界变成现实的开始"。

　　研究之初,以色列科学家采用铒原子渗入有机材料的方法,结果得到的红外线非常弱,转化效率仅有 0.01%。后来,此项研究的主持者之一、以色列技术工程学院的特斯勒博士和希伯来大学大学的班尼博士共同提出了利用一种制造聚合体所需的纳米粒子结构产生近红外光的研究思路。研究中,他们将化学合成的纳米粒子和与其共轭的聚合体组合制成二极管发光作用区,终于首次实现了具有应用价值的、转化效率达 2%～3%的有机近红外发光二极管。目前,他们正致力开发第二代效率更高,波段更宽的新器件。

　　特斯勒博士称:"最近在有机近红外发光二极管研究领域的突破,已为未来的光纤通讯器件采用几乎所有可能的有机材料奠定了基础。将来每家只需一个光纤传输器就可使家用网络、电视、可视电话与全球连接。高效、廉价的大容量有机信息传输设备的诞生,正使这一构想变为可能"。

纳米非氧化物材料

中国科技大学钱逸泰院士和他的助手多年致力于纳米材料化学制备的新技术、新方法的研究,建立和发展了一种溶剂热合成技术,并成功地在较低的温度下制备了多种纳米非氧化物材料。从而使人们更好地研究纳米非氧化物材料的物性成为可能,并为其应用提供了理论基础。这一成果已获 2001 年度国家自然科学二等奖。非氧化物纳米(如氮化物、硫化物、硼化物、碳化物等)功能材料由于具有许多优异的特性,在工业领域应用极其广泛,几乎渗透到各行各业,成为许多关键部件的基础材料。但制备非氧化物不是一件易事。传统的方法是由金属和非金属或氢化物经高温反应制得,这类方法有很大的局限性。20 世纪后期,国际上一开始用自蔓延高温合成、高温固相置换反应、金属有机化合物热分解(分子前驱物法)以及水热合成等技术来制备非氧化物,但这些方法由于种种原因(如:所得产物含杂质较多;金属氧化物合成难度大,价格贵;有的应用面窄,反应物对水敏感等),均达不到人们理想的要求。于是,发展较为温和的合成技术,在相对低的温度下制备这些在水溶液中难以获得的非氧化物纳米材料就成为科学家追求的新目标。

钱逸泰院士等经多年的研究、实践,将国内外科学家通常用于制备分子筛的溶剂热合成方法,发展到有机溶剂体系中实现无机化学反应,以制备各种纳米非氧化物材料。这一技术基本原理与水热合成类似,不过它是以打机溶剂代替水作为媒介,在密封体系(高压釜)中实现化学反应。到目前为止,他们已成功地制备了 GaN、InAs、InP、BN(Ⅲ~Ⅴ族)、金刚石、碳纳米管、SiC、si₃N₄ 及 CdSe、CdS(Ⅱ~Ⅴ族)等重要的非氧化物纳米材料。

从而创造性地发展了有机相中的无机合成化学,大大降低了非氧化物纳米晶材料的合成温度和压力。

国内外同行们说:由于亚稳态结构是当前物理、化学、材料科学与地球科学等领域中重要的研究方向。在溶剂热条件下超高压岩盐相 GaN、金刚石、立方氮化硼等重要亚稳相纳米晶的形成,使得溶剂热合成技术有着良好的发展前景。

近年来,他的实验小组已在《科学》等国际杂志上发表文章 95 篇,其中 57 篇被《科学》、《自然》等相关学科的重要杂志引用 241 次。《科学》杂志评价苯热合成纳米 GaN 的工作为"激动人心的研究结果",并认为"从此溶液热合成技术可能因此发展成为重要的固体合成技术"。美国《化学与工程新闻》杂志,则用"稻草变黄金——从 CCl₄ 到金刚石"为标题,高度评价了用上述技术合成金刚石的工作。

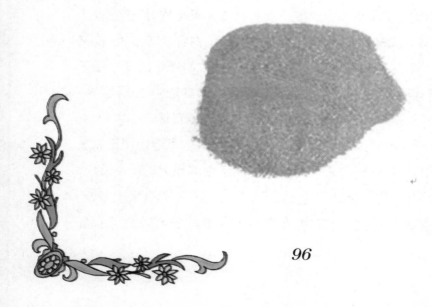

纳米光缆线

　　由旅美学者、佐治亚理工学院王中林教授领导的研究小组,利用液态钾做催化剂,首次生长出整齐排列并具有"Y—形状"的氧化硅纳米光缆线。有关研究结果发表在美国化学学会会刊上。

　　据介绍,这些线的直径为 10 纳米,长度可达毫米级,线直而均匀并且是透明的。最重要的是该线在生长过程中自动由一根分叉成为两根,两根可以分叉成四根,依次继续分裂。氧化硅是传统光缆的主要组成材料,因此这些纳米线有可能可以用来做纳米级的分叉光缆,形成纳米分光器。

　　王中林等人的实验可以生产出大量而且结构均匀的分叉纳米线。他们的研究结果同时也对经典的"气相—液相—固相", (VLS)纳米线生长原理提出了挑战。VLS 原理认为一个催化剂颗粒只能长出一根纳米线,而线的直径接近颗粒的大小。然而,他们在一滴约半毫米直径的钾丸上就可以生长出成千上万根整齐排列的纳米线。

弹性陶瓷

由日本科学家凯姆领导的研究小组，研制出了一种能随意拉伸折叠的弹性陶瓷材料，拉伸后的长度可比原来增加 10 倍以上。

陶瓷是一种在人类生活中用途极为广泛的材料，小到咖啡杯，大到飞机零件，其身影无处不在。它具有重量轻、用途广的特点，美中不足的是极易破碎。长期以来，科学家们一直希望能够研制出延展性更好的陶瓷材料。

现在，日本国家材料科学研究所的凯姆研究小组宣布，他们已成功地解决了这一问题，研制出了一种具有弹性的陶瓷材料，它不仅能随意拉伸，还不容易被打碎。

研究人员称，由于普通陶瓷是由大颗粒原料组成的，所以易碎，而新的弹性陶瓷的原料颗粒比灰尘还微小。它的成分为 40% 的氧化锆，30% 的铝酸镁尖晶石和 30% 的阿尔法氧化铝。研究人员把这种弹性陶瓷加热到 1650 摄氏度之后，仅用了 25 秒的时间，就把它从 1 厘米拉长到了 11 厘米。

专家认为，这种弹性陶瓷的问世是材料研究领域的一个重大突破，它有可能会使陶瓷成为一种无所不能的材料，而且能够直接用于生产和加工过程。也许要不了多久，人们就会看到用这种材料制造的餐刀和汽车发动机。

自我修复的材料

一种新型的有机聚合体可以在破裂以后能够自动的重新"愈合"，在相对简单的加热和冷却条件下就可以自动修复它的破裂部分。科学家们一直致力于类似交联聚合体的研究，希望为电子封装绝缘体、黏合剂以及泡沫材料设计高级的材料，然而迄今为止这些材料在高压破损之后还是不能修复。Xiangxu Chen 及其同事已经创造了一种交联多聚材料，这种材料受热后聚合体之间发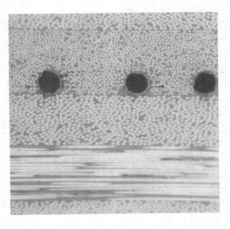生破裂，但是在冷却条件下后又会恢复原状。这种材料的机械性能与耐用的商业树脂相似。破裂能无限的进行修复，而且修复过程也不需要额外的催化剂或单体，或者其他特殊的表面处理。

纳米孔隙网

为了研究活性炭内部的结构，由美国新墨西哥州大学、密苏里大学、西班牙的亚利康特大学、法国CNRS实验室、美国洛斯阿拉莫斯国家实验室的科研人员组成的联合研究小组，通过研究发现，活性炭孔隙是一种相同孔道的不规则碎片状纳米结构网，从而在实验上首次发现了不规则碎片状纳米孔隙材料。

实验中，科研人员首先将一块油橄榄树片燃烧成木炭，然后在750摄氏度的高温下对其进行蒸汽加工处理。在这一过程中，科研人员发现，碳原子的表面层被氧化，用于形成管道的孔隙壁发生了局部腐蚀和塌陷，而氧化孔道方向的意外改变导致了不规则碎片状纳米孔隙网的形成，最终，这种不规则碎片状纳米孔隙网结构渐渐渗透到整个样品。研究人员利用X射线探察，发现不规则碎片状纳米孔隙网为三维结构，孔道的大小几乎相同，横向长度约为2纳米，活性炭纳米孔隙网的表面面积很大，达到了每克1000平方米。

有关专家指出，不规则碎片状纳米孔隙材料将能广泛运用于工业生产中，比如用它可以储藏像甲烷一样的各种燃料，因为甲烷的分子在弱感应偶极大的作用下很容易进入纳米孔隙网，这时所需要的压强会远小于200大气压。不规则碎片状纳米孔隙材料还能运用于气体的分解和电容器中电能的储存方面，若在电容器极板之间附加活性炭层，可大大提高电能的储存量。

全氟树脂光纤

　　光纤能传送比铜线多得多的信息，是多媒体社会必不可少的高技术材料。按制造材料的不同,光纤可分为石英系列和塑料系列。石英系列的光纤透光性好,可用于 100～200 公里的长距离传送,其缺点是直径只有 10～60 微米,因而容易折断,加工和连接较为困难。以内烯基树脂为原料的塑料系列光纤,其特性正好与石英系列相反,它柔软易于加工也易于连接,但由于透光性能不好,传送距离仅限于 50 米以内,只能用在传感器等仪器仪表上。

　　随着多媒体进入普通家庭,有必要将光纤铺设到千家万户,成本便宜的丙烯基树脂制造的塑料系列光纤就成为首选,因此有必要改进其透光性能。

　　丙烯基树脂制的塑料光纤,透光性差的主要原因是由于树脂内的碳氢结合吸收了近外波长。旭玻璃制造公司独自开发的一种全氟树脂材料,因为不含氢,所以不会吸收近红外波长。同时,由于具有的环状构造是高品质的,可见光的透光率达 95％以上。

　　光纤内侧的芯线,光的折射率高,而外侧的金属包层折射率低。因此,要采用在芯线中轴线处的光的折射率最高、向四周逐渐降低的缓变折射率的结构形式。采用此种结构,能够扩大传送带域,可以每秒传送 1G 字节的速度将信息传送 200～500 米。旭玻璃制造公司将视样品上市的情况,在一两年内将这种新型光纤投入批量生产。

清除虫牙菌新材料

日本国立感染病症研究所科学家花田信弘等人开发成功一种只吸附虫牙菌的材料，为有效预防龋齿找到了新方法。

这种材料由磷酸钙组成，叫做"羧基磷灰石(HAP)"，是牙齿和骨骼的主要成分，用它制造的药用牙膏有保护和加固牙齿的功效。花田等人提高了这种材料的纯度，把它加工成糊糊状。将这种材料涂抹在牙齿表面后，直径大约为 0.1 微米的

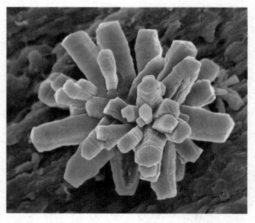

羧基磷灰石微粒就会有选择地吸附包覆在牙齿表面并进行繁殖的虫牙菌，5 分钟的吸附率大约可达 92%，连续使用一周之后，虫牙菌就基本上被清除。

这一技术利用了虫牙菌只在牙齿表面繁殖的特征，不会像消毒法那样把口腔内的有用细菌杀死。

微纤维

人们用"钢铁神经"来比喻某人意志坚强。一直到 60 年前尼龙出现的时候,用钢来比喻强硬是不成问题的,但随着聚酸胺纤维(也称尼龙、耐纶或锦纶,从尼龙 11 型、12 型直到最近的 46 型,型号繁多)新产品的不断开发,这种比喻已经不再恰当,因为细细的纤维其结实程度堪与合金相抗衡。

事实上,已经有比钢琴钢丝弦结实 5 倍的纤维。这样结实的纤维已用在专业性很高的场合,例如飞机部件,它要求的就是那些具有尽可能强的抗力而又很轻的材料。在服装方面向来有着多种多样的要求,合成纺织纤维完全能满足这些要求。从质地上讲,还很难说人们更喜欢合成纤维而不是柔软的真丝,但由于人造纤维价格便宜或特别抗褶皱,人们可能还是喜欢购买这种织物。一般地讲,在品牌服装生产方面,更喜欢用合成纤维 (使用最普遍的是聚丙烯和聚酯)和天然纤维混纺的面料,以便把合成纤维优越的机械特性和天然纤维的舒适性结合起来。

合成纺织纤维是用挤压方法生产的,通过金属模板的孔像压通心粉那样把聚合物压成纤细的流体。纤维的纺纱方式和之后的拉伸方式是十分重要的,因为它们决定着纤维的机械特性。喷纤维的孔有着不同的口径和形状,最普通的形状有:圆形(服装用的纤维)、凹形(有点像压通心粉)或三裂叶形(非常小的三裂叶形状)。

非晶态材料

　　一般金属材料都是由许多细小的晶粒组成，在晶粒内部，原子成规则地排列。非晶态材料，顾名思义，就是指非结晶状态的材料。它是对高温熔液以每秒 10 万摄氏度的超急冷方法使其凝固，因而来不及结晶而形成的，这时在材料内部原子作不规则排列，因而产生了晶态材料所没有的性能。

　　首先，非态材料的硬度和机械度卓越。例如，拉丝后纤维化的非晶态铁钽硅硼合金线材，拉伸强度高达 400 公斤每平方毫米，为钢琴丝的 1.4 倍，为一般钢丝的 10 倍。由于这一特点，它可被用来制作高尔夫球棍、钓竿等。

　　其次，非晶态材料具有优越的磁学性能，可用作磁屏蔽材料，还可以把非晶态纤维作为电感线圈的骨架，用导线作为线圈，制成极薄型电感，其厚度只有现在薄型电感的 1/10。另外，非晶态合金薄膜也可用于可改写的光盘和超记录密度的光磁盘下。

超越硬度的界线

　　工程师们认为他们知道怎样将材料做得尽可能的硬。但是，现在一种新的诀窍打破了硬度的界线。这一新发现可能会导致新材料的诞生，并可能用于制造汽车、飞机和宇宙飞船。

　　材料的硬度是指材料对外力引起的变形的抵抗力的大小。材料的硬度决定了材料的强度和阻止振动的能力。工程师们能计算出给定结构和形状的材料的硬度，比如，他们知道用什么样的合金材料可以让飞机的机翼具有最大的硬度。但是，硬度最高极限的算法采用的公式只考虑了像弹簧一样的"正"硬度作用力。然而，一些材料却具有"负硬度作用力"，它们的结构被弯曲或扭弯，当外力作用时，它们储存的能量会按照作用力方向进一步压缩。这就像一个想像中的弹簧，当你开始压它时，弹簧沿着作用力的方向进一步自动收缩。

　　美国麦迪逊威斯康星大学的一位物理学家，他和他的研究小组认为，在有正硬度的化合物中添加少量这种有特别负硬度的材料，那么新的组合材料的硬度就会比以前人们认为的要高。研究小组在《自然》杂志、《物理评论》写了一系列的文章,勾画出这一理论,并证明该理论是可行的。比如,他们制成了一种锡条,在里面加入了具有负应力的二氧化钒陶瓷。在一定的温度下,他们发现这个组合材料的硬度比传统计算的最大值都要大,甚至比他们在锡中加入金刚石之后的硬度还大。这位物理学家说,本质上负应力对材料周围的作用力起到了反冲作用,从而中和了对材料的作用力。

专家们说,这一工作还处于起步阶段,但这种新的具有超级硬度、超级阻抑力的材料可用于制造噪声最小的汽车和飞机。

卡特·维尔克是美国的结构动力学家,他说,如果这种材料足够轻,就可以在降低发射的成本的同时,又有足够的硬度以保护灵敏和昂贵的设备,从而可能提高宇宙飞船的性能。

智能塑料

让形形色色的材料更"聪明"，使林林总总的产品更耐久，一直是科学家的梦想。

目前，可根据温度变化改变形状的"形状记忆塑料"已进入实验阶段，用它制成记忆弹簧安装在门窗上，门窗就能随光照强度和温度变化自动开合，调节入室的自然光；安装在淋浴喷头上，就能自动调节出水温度。还有一种内嵌式传感器，将其编织在登山绳索里，一旦绳索磨损，强度下降，绳索的颜色就会自动示警。

此外，科学家也在考虑能让材料变"聪明"的其他有效方式。美国伊利诺斯大学的科学家受人体自愈功能的启发，已在修补玻璃钢和其他人工合成材料领域取得了可喜进展。他们发明了一种可使聚合物"自动痊愈"的新方法，具体思路是，在聚合物里添加疗伤用的可及时分泌的"淋巴液"，以及激活这种修补液启动修补过程所需的化学触媒。

人造聚合物已广泛用于日常生活。汽车挡泥板、手机线路板、网球拍和撑杆跳的撑杆等，都是用增强纤维制作的。但是，疲劳和磨损使这类耐用品的寿命大打折扣。汽车每颠簸一下、冲浪板每磕碰一下、马达每一次启动，复合材料都会随震动开始产生细小微裂缝。随着时间推移，人工合成材料就会弱化到该修补或该丢弃的程度。长期以来，科学家一直试图找到一种简易方式修补人工合成材料，以使网球拍更结实、更耐用，冲浪板更容易修补，聚合物汽车车身更坚固、更漂亮。现在，他们找到了。也许要不了多久,这种全新的汽车就会一辆辆开下汽车组装线。

以往的修补方式是在破损部位穿孔、打眼,填充、打补丁等,如今只需预先在人工合成材料制作时,在树脂基质中均匀混合一种特制的、内注有特殊树脂的超微胶囊,再像撒盐似的均匀遍撒一种化学触媒微晶,最后一起制作成形,就可使这种内嵌无数超微胶囊的聚合物部件具备自身愈合能力。一旦出现破损,预先埋伏的触媒就会激活胶囊中的特殊树脂,使树脂开始自动软化,变成黏稠液体,注入和填充出现的缝隙或孔洞并逐渐凝固,因而能使人工合成材料长期持续自动修复破损部位。

研究工作的主持人,伊利诺斯大学的材料工程师和宇航工程师斯科特·怀特说,这项研究成果具有极广泛的用途,它可延长用于整形的填充物的寿命,可制造更坚固耐久的宇宙飞船等。

怀特研究小组已和摩托罗拉公司联手,准备在 3~5 年内生产有自愈能力的微电子线路板。至于在飞机和宇宙电船上的应用,则还有很长的路要走。

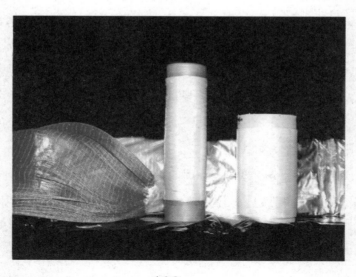

多聚合纤维素材料

大连医科大学第一临床学院与中国科学院大连化学物理研究所，历经多年合作完成的"多聚合纤维素预防组织黏连的基础与临床应用研究"研制成功一种可用来预防创作与手术后组织黏连的高科技新材料——多聚合纤维素，并在基础实验和临床应用研究中证明它具有良好的黏连效果。

如何使外科手术既能达到治疗疾病又不造成严重黏连并发症，是当今外科亟待解决的问题。自1993～1999年，由骨科姜长明教授主持的课题组研制一种新型可吸收的防黏连材料——多聚合纤维素(Poly-CMC)，分别在骨科、普外、神经外科等多学科进行了广泛的基础与临床前瞻性的研究。在基础研究中，他们与大连化物所合作，以多聚合纤维素为原料，聚葡糖为交联剂，成功地完成了多聚合纤维素的合成及药物筛选工作。动物实验研究分别进行了多聚合纤维在防止肌腱、神经、硬膜、关节及腹腔术后黏连的研究，证明预防黏连效果明显。临床应用研究观察了多聚合纤维防止肌腱黏连的疗效。多聚合纤维素具有良好的生物相容性，是一种理想的防黏连材料。它可杜绝或减少由于黏连引起起的术后并发症，降低手术死亡率和病残率。

物理性能反常的材料

　　美国加州圣迭戈大学的一个物理研究小组，研制出一种具有非同寻常物理性能的新型组合材料。这一发现有望开创物理学上的新学科，这种材料也有着广泛的商业化应用前景。

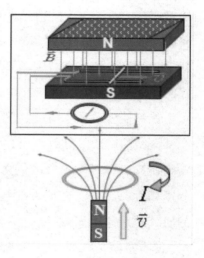

　　这种新型材料的非常之处，是其具有一种逆变能力，能使主导着普通材料行为的许多物理特性产生逆变。

　　多普勒效应是其中一例。由此效应，火车趋近时鸣笛音调较高，远离时鸣笛音调较低。但描述了磁场和电场之间关系的麦克斯韦平衡方程，却预示在这种新材料中，微波辐射或光会表现出相反的效果——波源趋近时频率漂移至低频，波源后退时频率反而漂移到较高频率。同样,用此方程可进一步推测，通常电磁辐射的透镜发散，在这种组合材料里却得到集中。所以斯涅耳定律所描述的现象，即折射角是由于光和其他波通过透镜及普通材料时的速度改变而引起，在此种组合材料中的情况正好相反。

　　研究小组负责人谢尔登·舒尔茨说,如果这些效应转换在光学频率上是可能的,这种材料将具有令人惊异的性能。比如在一块厚板上用散光照射,厚板另一边的一个点上会有一束聚焦光。这在普通材料板上是没法做到的。

新型材料的发现完全符合物理定律。早在 1968 年,俄罗斯理论家维西拉格对此就有所预见。圣迭戈大学研究小组称这种材料为"左手材料",即是当年维西拉格提出的术语。左手材料颠倒了物理学的"右手规律",而后者描述的是电场与磁场之间的关系及其波动的方向。这就意味着在物理学上,通过材料单向移动的电磁辐射直观反脉冲是由以反向移动的分波组成的。这种组合材料由一列薄铜环和平行地串在铜环上的普通铜线组合而成,是科学家称为"亚材料"中的一种。

超导塑料

美国贝尔实验室的科学家最近首次研制出具有超导性能的塑料。该成果为超导研究开辟了新的途径，具有重大的科研和商业价值。

美国科学家艾伦·黑格、艾伦·马克迪尔米德及日本科学家白川秀城等3名科学家，因发现塑胶材料的导电性功能而获得2000年诺贝尔化学奖。但由于碳分子聚合物的结构不利于电子的运动，科学家一直没能研制出以它为基础的超导体。

贝尔实验室的科学家使用一种名为聚噻吩的塑料，设法用氧化铝合金制成一种金属薄片，并在其上涂一层聚噻吩薄膜。科学家发现，在它们形成的电场中，电子可以无损耗地通过聚噻吩薄膜，这表明聚噻吩具有超导的特性。

虽然人们认为超导塑料具有广阔的应用前景，但领导该项研究的伯特伦·贝特拉格认为，超导塑料要进入实际应用，还有很多工作要做。他们发现的超导塑料在绝对温度4K时才显示出超导特性。

目前他们正在用同样的方法寻找在较高温度下具有超导特性的塑料。

能自我修补的塑料

美国科学家已经研制出一种能自我修补的塑料。这种物质是设计用以填补表层破裂处的一种塑料。现在,塑料用于方方面面,从飞机机翼到家中的各种器具。科学家想找到一种方法使塑料那些难于更换或不可能更换的物件。时间长了,塑料物件的表层会破裂,使用时会出现很小的裂口或裂缝。研究人员想弄明白如何阻止塑料产生小裂缝,正是这些小裂缝的增大,才使物件变脆,容易损坏。

美国伊利诺伊大学厄巴纳·尚佩恩分校的一个研究小组找到了解决这一问题的方法。他们在塑料本身的化学结构中找到了解决方法。塑料是由叫做单体的小分子构成的,这些单体连在一起形成很长的叫做聚合物的分子。聚合物使塑料能够定形而且有强度。研究小组找到了制造一种塑料的方法,这种塑料含有充满液体的微型球状物,而这种液体含有单分子,即形成塑性的材料。然后,研究小组制成含有一种特殊化学物的固体塑料,这种化学物叫催化剂,是使化学反应开始的一种物质。这种新塑料仍然像普通塑料那样会产生裂缝,但当它的裂缝产生时,这种单体液会被释放出来并流入裂缝。然后,固体塑料中的催化剂与液体单体产生化学反应,而液体单体与催化剂之间的这种化学反应会产生修补裂口的聚合物分子。修补的塑料其强度相当于未损塑料的75%。据科学家说,这种自补塑料尚未准备生产,但它可能有好几种用途:一是用于航天飞机不能修理或更换的零件,另一个是人体内的关节。

这一研究的领导人、工程学教授卡特·富兰克声称,这种物质能够自身修补,犹如人体能够自身愈合一样。

房间隔音材料

　　科学家们已找到了解决房间隔音问题的答案，从而使我们的家庭变得更宁静了。美国航天工程学教授克里尚·阿赫加已经研制出一种防噪声材料，它是由许多空心塑料小球组成的，这些小球带有很多极细微的小孔，它能够消除从洗碗机到各式风扇所发出的任何噪声。

　　与传统的隔音材料(如泡沫材料、玻璃纤维等)不同，这种直径 1～5 毫米的球体，能够浇到建筑材料(如墙体)中，以抑制噪声。当声波击中包裹得很紧的球体，并在球体四周运动时，它就会使小球震颤起来，并转变成不同的、听不见的频率。小球还可将噪声转变为热量。

　　阿赫加说，那些极细微的小孔像电话机听筒内的小孔一样发挥作用，噪声从一边传到另一边，这样会产生摩擦。这种摩擦会进一步导致噪声的消除。研究人员所做的工作，就是将几种不同的减声机制合并成单一的一堆小球。

　　几家设备制造商正在对这一发明进行试验，很显然这一球体除家用之外还可能具有极大的用途。研究小组已研制出一种能抵御 2000 摄氏度以上高温的陶瓷模型。这些小球具有许多用途，如用于喷气发动机等。目前几家汽车制造厂正对这种材料进行研究。

　　阿赫加说，就简易性和机动性来说，这种产品很有应用前景，人们将它用于从吹风机到喷气发动机的任何高噪声部件。

新型玻璃钢

　　玻璃钢是一种新型复合材料。它在材料科学大家庭中独树一帜。其实,玻璃钢既非玻璃,也不是钢,它的基体是一种高分子有机树脂,用玻璃纤维或其他织物增强。因为它具有玻璃般的透明性或半透明性,具有钢铁般的高强度而得名。它的科学名称是玻璃纤维增强塑料。

　　玻璃钢有三大优点:一是玻璃钢的密度小,强度大,比钢铁结实,比铝轻,比重只有普通钢材的 1/4 ~ 1/16,而机械强度却为钢的 3 ~ 4 倍;二是玻璃钢具有瞬间耐高温特性;三是具有良好的耐酸碱腐蚀特性及不具有磁性。

　　由于玻璃钢具有上述许多优异的特性,因而它诞生半个多世纪以来,各种新产品日新月异,在各个领域中的应用与日俱增。

　　由于其比重小而强度高,自然在航空工业领域备受青睐。自从 1944 年第一架以玻璃钢作为主要结构材料的飞机经受了严格的飞行考验之后,玻璃钢在航空工业中的地位日益巩固。从机身、机翼到机尾、门窗等越来越多的金属飞机部件被玻璃钢材料取代了。目前,许多轻型飞机的主要部件换成了玻璃钢制品,就连波音 747 喷气式客机上,也有一万多个用玻璃钢制作的部件呢!

　　第一艘载人的玻璃钢船是 1947 年下水的。当时它只有 8.5 米长。现在世界上越来越多的帆船、游艇、交通艇、救生艇、渔轮及扫雷艇等都改用玻璃钢制造。即使是在航空母舰、巡洋舰、万吨巨轮等大轮船上,玻璃

钢零部件也随处可见。

玻璃钢在向海洋、天空进军的同时，也向陆地交通发起了挑战，各种玻璃钢汽车部件应运而生。意大利、法国等许多著名汽车公司制造的玻璃钢壳体汽车已达数百万辆。

由于其优良的抗腐蚀特性，在化学工业中，玻璃钢反应罐、贮罐、搅拌器、管道等大显神威，节省了大量金属。

玻璃钢在建筑业的作用越来越大。许多新建的体育馆、展览馆、商厦的巨大屋顶都是由玻璃钢制成的。它不仅质轻、强度大，还能透过阳光呢。80年代，我国在北京郊区密云县建成了一座玻璃钢公路桥。这座桥净跨径20.24米，全宽9.6米，可通行两行20吨载重汽车车队或一辆80吨重的平板拖车。这座桥的上部结构总共用玻璃布、树脂等玻璃钢材料约22吨，加上辅助材料不过30吨，真可谓世界上最轻的桥梁了！

玻璃钢在许多领域都显示了它强大的生命力。

金属陶瓷材料

日本大阪 OSU 公司与大阪产业大学合作，开发出一种多层多孔结构的金属陶瓷材料，其应用前景极其广泛。

据日本《日刊工业新闻》报道，这种金属陶瓷材料实际是高温烧结的多层多孔的碳化钛，其多孔结构的孔隙率为 50%，由于在高温烧结过程其表面形成了氧化钛膜，使其耐高温的熔点温度高达 3000 摄氏度，因此可作为耐高温材料以及用来制作过滤器和光催化材料。

碳化钛是一种导电材料，在通电发热时，即使温度升高到 1000 摄氏度以上，材料特性也不会发生任何变化。因此，研究人员认为，新开发的多层多孔碳化钛可以作为高温发热源，分解在焚化炉都难以分解的二氧吲哚。

由于这种多层多孔的碳化钛孔隙率在 50%，其比重比最轻的金属镁还要轻，因此很适合用做人造骨骼。人的骨骼是多孔结构的，血管和神经通过骨骼的空隙向骨骼提供养分和控制骨骼的活动，因此，研究人员认为，这种多层多孔的碳化钛是人造骨骼的最好材料。

由于这种碳化钛新材料的表面有一层氧化钛膜，它又具有用做光催化剂的机能，同时碳化钛具有很强的吸附能力，可以有效地吸附浮游生物，它还可以用来制造更好的水净化装置。

微晶玻璃装饰板

新型装饰材料微晶玻璃装饰板主要应用室内外的装饰板材料,重点取代中高档大理石和花岗岩,防腐蚀管道和容器,和精密工程等需要的特殊材料。该技术属于国内领先,达到国际水平,完全自主开发的技术,全部设备自行设计,装配和调试。

(1)采用高效,高热值煤气发生炉。

(2)先进高效高质罩玻璃熔炉:目前国内最先进玻璃熔炉的热效率是45%,新设计的玻璃熔炉的热效率不低于76%,实践证明热效率每提高25%,产量增加一倍。

(3)设计采用了国内还没有的大型连续化生产隧道式晶化炉,使微晶玻璃的装饰板从产量和质量从工艺和质量上得到了保证。

(4)经过三代改进的图像处理技术,第三代图像处理技术,可以控制花色和图案的效果,完全人为的控制图案的视觉效果,并可进行最少40平方米的小批量生产(低成本),给个性化的时常提供最佳的解决方案,并确保灵活的时常应变能力。

(5) 经过该技术处理的玻璃装饰板,在室外可经受50年的自然侵蚀,绝对没有天然石材的后期保护清洗的费用和工作。比普通的玻璃还要耐腐蚀。如果用做地板可防滑,并承受10~15年磨损,不影响图案。

高性能复合材料

澳大利亚在一种高级聚合物复合材料的制造技术方面所取得的突破,将会带动航天、船舶及汽车工业的一场革命。

这种聚合物复合材料质地非常坚硬,质量却很轻,它的强度重量比大约是一般金属的 10 倍。据澳大利亚联邦科学与工业研究组织(CSIRO)的研究员乔纳森·霍奇金博士介绍,这种材料具有优越的性能,但到目前为止大多数生产厂家还没有能力制造。

隐形战斗机和豪华赛车通常是由这种材料制成的。但是,在材料的制造过程中却存在很多技术问题。该复合材料价格昂贵、耗工时,每个部件都需要在高温高压锅中加工达 16 个小时。这给材料生产带来很大的困难。

这种高昂的时间和成本耗费意味着只有航天或赛车工业才能承担得起该材料的生产费用。但是澳大利亚新开发的新型"快步"工艺改变了这种局面。快步工艺是一种快速制造方法,该工艺无需使用高压炉就能制造出质量很高的复合材料产品 (可达到航天工业标准)。快步工艺已于 4 月 23 ~ 28 日在德国的汉诺威会议上发表。

该技术利用流体(如水)的热传导生产出航天工业标准的环氧基树脂复合材料,而生产时间却由过去的 24 小时减到现在的约 1 小时,如果制造从 A 级别汽车及船舶复合材料则生产时间更短。另外,与传统生产方法相比,该工艺所需的设备造价要低得多。

快步工艺是由西澳大利亚尼尔·格拉哈姆发明的,他已获得了该技术专利。他是在试图制造廉价的航天部件时获得这一重大发现的。快步工艺通过流体震动,采用一种独特的、充液的、压力平衡的流动塑造技术,来生产高级的增强型玻璃纤维复合材料部件。

　　快步工艺实现了具有优良性能的大型部件的快速制造。工艺的工作压力为 1~4 磅/平方英寸,而高压炉的工作压力则为 60~200 磅/平方英寸。与传统工艺相比,不仅工艺工作压力低,而且劳动成本也低。流体系统环境意味着注塑和部件制造是由流体支持的,而不需高压条件。

　　由于工作压力不高,快步工艺不需要笨重的建筑构造。此外,蜂窝式和泡沫芯夹层结构也易于制造。

　　CSIRO 的研究人员已经对多种聚合物纤维系统进行了测试,这其中包括环氧基树脂/碳纤维和乙烯基酯/玻璃纤维。经该工艺制造而成的复合材料纤维含量都很高,通常可超过 70%,而且材料孔隙含量极少,已经达到航天工业的质量水平。

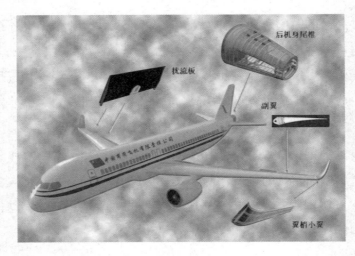

碳纤维复合料

  在复合材料大家族中,纤维增强材料一直是人们关注的焦点。自玻璃纤维与有机树脂复合的玻璃钢问世以来,碳纤维、陶瓷纤维以及硼纤维增强的复合材料相继研制成功,性能不断得到改进,使复合材料领域呈现出一派勃勃生机。下面让我们来了解一下别具特色的碳纤维复合材料。碳纤维主要是由碳元素组成的一种特种纤维,其含碳量随种类不同而异,一般在90%以上。碳纤维具有一般碳素材料的特性,如耐高温、耐摩擦、导电、导热及耐腐蚀等,但与一般碳素材料不同的是,其外形有显著的各向异性、柔软、可加工成各种织物,沿纤维轴方向表现出很高的强度。碳纤维比重小,因此有很高的强度。

  碳纤维是由含碳量较高,在热处理过程中不熔融的人造化学纤维,经热稳定氧化处理、碳化处理及石墨化等工艺制成的。

  碳纤维的主要用途是与树脂、金属、陶瓷等基体复合,作为结构材料。碳纤维增强环氧树脂复合材料,其比强度、比模量综合指标,在现有结构材料中是最高的。在刚度、重量、疲劳特性等有严格要求的领域,在要求高温、化学稳定性高的场合,碳纤维复合材料都颇具优势。

  碳纤维是20世纪50年代初应火箭、宇航及航空等尖端科学技术的需要而产生的,现在还广泛应用于体育器械、纺织、化工机械及医学领域。随着尖端技术对新材料技术性能的要求日益苛刻,促使科技工作者不断努力提高。80年代初期,高性能及超高性能的碳纤维相继出现,

这在技术上是又一次飞跃，同时也标志着碳纤维的研究和生产已进入一个高级阶段。

　　由碳纤维和环氧树脂结合而成的复合材料，由于其比重小、刚性好和强度高而成为一种先进的航空航天材料。因为航天飞行器的重量每减少 1 公斤，就可使运载火箭减轻 500 公斤。同样，收音机重量的减轻也可以节省油耗，提高航速。所以，在航空航天工业中争相采用先进复合材料。有一种垂直起落战斗机，它所用的碳纤维复合材料已占全机重量的 1/4，占机翼重量的 1/3。据报道，美国航天飞机上 3 只火箭推进器的关键部件以及先进的 MX 导弹发射管等，都是用先进的碳纤维复合材料制成的。

"监工"涂料

　　英国纽卡斯尔大学的科学家研制出一种新型智能涂料。这种涂料中含有一种称为 PZT 的细微压电材料晶体，当这种晶体受到拉伸和挤压时，可产生与所受外力成比例的电信号，通过分析这些电信号，就可了解建材的疲劳程度。

　　研制出这种涂料的贾克·黑尔介绍说，桥梁和钻井平台等建筑因振动会产生疲劳裂纹，常可导致灾难性后果。因此，及时监测建材的疲劳程度，对确保建筑安全具有重要意义。为了检测这种涂料的应变效果，实验中，黑尔先在一段金属构件上涂上一小块这种涂料，上面再覆盖一层导电涂层。然后，他在涂层上加上电压，使涂料中的晶体与构件表面形成正确的角度，以便构件无论从什么方向受力时，涂料都可产生相应的电信号。接下来，黑尔在导电涂层和金属构件之间加入电极。当他敲击金属构件时，即可检测到智能涂料因构件振动而产生的电信号，敲击的力度越大，产生的电信号越强。

　　黑尔称，用传统的方法检测建筑构件振动不仅麻烦，而且如仪器设置不准，还会产生错误的结果。这种新型涂料为检测构件振动提供了一种简便易行的新方法。工程技术人员利用这种涂料，就可在建筑构件的整个使用期限内，通过监测构件的振动，计算出它们的疲劳程度，不仅可及时了解构件的质量，还可在此基础上建造出更轻、更便宜、更优雅的建筑。

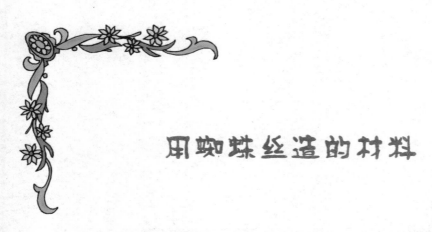

用蜘蛛丝造的材料

　　俄罗斯科学院基因生物学研究的专家正在积极研究利用蜘蛛丝造高强度材料。蜘蛛腹部后方有一个纺绩器,内通纺绩腺。该腺体分泌的蛋白质黏液能够在空气中凝结成极牢固的蛛丝。据俄罗斯《莫斯科共青团员报》报道,俄罗斯科学院基因生物学研究所的专家在对由蛛丝编结成的、具有一定厚度的材料进行实验时发现,这种材料硬度比同样厚度的钢材高 9 倍,弹性比最具弹力的其他合成材料高两倍。专家认为,对上述蛛丝材料进一步加工后,可用其制造轻型防弹背心、武器装备防护材料、车轮外胎、整形手术用具和高强度渔网等产品。

　　为大量制取蛛丝,俄罗斯研究人员正准备复制负责控制纺绩腺黏液分泌的蜘蛛基因,并准备将这种基因植入山羊的受精卵细胞核内,从而运用转基因技术使新生的母山羊在发育成熟后能够分泌含有大量纺绩腺黏液的乳汁。目前,俄罗斯专家已研究出从羊奶中提取纺绩腺黏液并将其制成蛛丝的方法。

塑料光纤

通信革命的重要标志是光纤。目前普遍使用的是玻璃光纤,这种光纤有个突出的缺点,就是其直径一旦小于 0.1 毫米时,因其耐冲击性能差及不易连接,使用便比较困难,而且生产成本较高。能否利用塑料光纤代替玻璃光纤呢?科技工作者为此进行了长期的努力。

最近,由日本三菱丽阳公司首创的一种新型高性能塑料光纤,在该公司的一条专用线上投入使用,从而为塑料进入光通信领域开创了一条新路。这种塑料光纤传送容量高达 30 兆比特每秒,是玻璃光纤的 30 倍,可传送 500 个频道的数字化电视画面。这种塑料光纤柔韧性能好,可随意弯曲,且易于连接,加工制造工艺也比较简单。这种新型光纤的价格(含敷设费用)只有玻璃光纤的 1/5,与使用相同容量的铜线价格相当,在进入普通家庭及企业内部信息网络方面有望取代目前的铜线。

塑料光纤的研制成功,给光通信事业的快速发展与普及带来了新的希望。

异形人造纤维

在天然纤维中,蚕丝能产生闪光。通过研究了解到,蚕丝的闪光来源于它的断面呈三角形。在光的照射下,纤维的三个几何面折光率不一样,而像三棱镜那样使光产生折射与分光。这样,折射出来的光线就炫目多彩了。异形纤维正是受到蚕丝的启发而研制出来的,称得上是仿生学在化纤改性上的一大成果。目前,市场上颇受消费者欢迎的闪色围巾、闪光人造狐毛皮、可以乱真的人造貂皮、银枪大衣呢等,都是加入这种异形纤维做成的。

采用五星形、豆形截面的涤纶异形纤维混纺成的涤棉、涤黏、涤麻织物,由于纤维和纱线间的间隙多,可使织物具有良好的透气性。据测试,它的透气性比同样规格的普通涤纶纺织品高 10% ~ 20%。

异形纤维中的"T"、"Y"型截面纤维,由于其表面积大,吸附性能好,可用作空气净化材料。

化纤材料

　　走进百货商店，最吸引人的莫过于布料和服装柜台。那些花花绿绿、五颜六色的布匹和服装使人流连忘返。漫步在大街上，你会看到一个个打扮得花枝招展的女孩，像美丽的蝴蝶翩翩起舞，像九天仙女下凡人间。这里很大一份功劳要归于当今的化学纤维。人造化学纤维把世界装扮得更加丰富多彩了。人们应记得，就在几十年以前，人类服装几乎全部来自天然纤维——棉花(当然还有丝绸)。棉花的生产要占用大片耕地，其产量还要受到气候、肥料、虫害等诸多因素的影响，而且棉布的结实度、挺括度也远不及化纤布料。

　　随着生活水平的提高和人口的不断增长，传统的棉、麻、丝、毛料，无论品质或数量，都已远远不能满足我们的需要。本世纪中叶，科学家和工程技术人员通过研究发现，利用石油等天然矿物及其他化学物质可以合成人造高分子纤维材料。此后，各种各样的化学纤维如雨后春笋般地不断涌现。目前，化学纤维主要有六大类：涤纶(的确良)、锦纶(尼龙)、腈纶(人造羊毛)、丙纶、维纶(维尼纶)和胶黏纤维。除了大家熟知的衣料化纤之外，科技人员还发明了许多新型纤维。

新型混凝土材料

在现代都市里,一座座摩天大楼拔地而起,其中,钢筋混凝土的作用功不可没。钢筋混凝土大概也是人类最早开发利用的复合材料之一。

钢筋和混凝土本是风马牛不相及的两种材料。钢筋比重大,既能承受压力,又能承受张力;混凝土比重较小,但是能承受压力,不能承受张力。如果全用钢铁造大楼,不仅造价昂贵、保暖性能极差,而且地面也承受不了如此巨大的压力;如果全用混凝土盖大楼,虽然价格比较便宜,却不坚固,无人敢住。但是在混凝土中加进钢筋。大楼不仅造价比较便宜,而且坚固耐用时保温性能也较好。这就是把二者的优点都利用起来了。

现在,大楼越盖越高,对抗风、抗地震能力的要求也愈来愈高,普通的钢筋混凝土越来越不能适应形势的要求了。于是,工程技术人员又发明了纤维混凝土、聚合物混凝土、轻质混凝土等,一系列新型高强度混凝土。

纤维混凝土是受钢筋混凝土的启发而发明出来的。通常代替钢筋使用的有钢纤维、玻璃纤维和碳纤维等。英国有一种玻璃纤维混凝土,纤维束是由数千根细如发丝的玻璃纤维组成。这种混凝土的抗压强度比普通钢筋混凝土的抗压强度大 5 倍,而价格却便宜一半。据说,如果改用碳纤维代替钢筋,混凝土的强度还可大幅度地增加。

轻质混凝土也是为适应现代建筑的要求而诞生的一种新型复合材

料。普通混凝土的骨料是砂石,而轻质混凝土的骨科则是浮石、火山渣、膨胀珍珠岩等天然矿物、矿渣、炉渣等工业废料及有机材料等。

不久前,法国研制出了一种用中空玻璃球作骨料,用高分子材料聚氨基甲酸酯作黏结料的轻质聚合物混凝土,其密度只有 200 公斤每立方米,可以漂浮在水或任何有机溶剂之上。据报道这种混凝土不仅保温、隔音、防水性能特好,而且可以切割、钻孔、钉钉子,给施工安装带来极大的方便。

"凯夫拉"材料

20世纪60年代，美国杜邦公司研制出一种新型复合材料——"凯夫拉"材料。这是一种芳纶复合材料。由于这种新型材料密度低、强度高、韧性好、耐高温、易于加工和成型，而受到人们的重视。

由于"凯夫拉"材料坚韧耐磨、刚柔相济，具有刀枪不入的特殊本领。在军事上被称之为"装甲卫士"。

大家知道，坦克、装甲车已逐渐成为现代陆军的主要装备之一。其原因就在于这两种兵器都具有坚硬的装甲，在战争中有消灭敌人保护自己的作用。有了矛就出现了盾，有了坦克、装甲车之后，就发明了反坦克炮、反坦克导弹。反坦克武器的出现，又促使人们改进坦克、装甲车的装甲性能。通常要提高坦克、装甲车的防护性能，就要增加金属装甲的厚度，这样势必影响它的灵活机动性能。"凯夫拉"材料的出现使这个问题迎刃而解，坦克、装甲车的防护性能提高到了一个崭新的阶段。

与玻璃钢相比，在相同的防护情况下，用"凯夫拉"材料时重量可以减少一半，并且"凯夫拉"层压薄板的韧性是钢的3倍，经得起反复撞击。"凯夫拉"薄板与钢装甲结合使用更是威力无比。如果采用"钢—芳纶—钢"型复合装甲，能防穿甲厚度为700毫米的反坦克导弹，还可防中子弹。目前,"凯夫拉"层压薄板与钢、铝板的复合装甲,不仅已广泛应用于坦克、装甲车,而且用于核动力航空母舰及导弹驱逐舰,使上述兵器的防护性能及机动性能均大为改观。

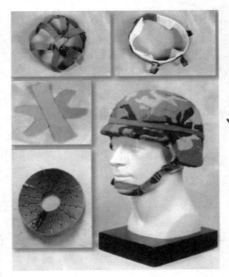

"凯夫拉"与碳化硼等陶瓷的复合材料是制造直升飞机驾驶舱和驾驶座的理想材料。据试验,它抵御穿甲子弹的能力比玻璃钢和钢装甲好得多。

为了提高战场人员的生存能力,人们对避弹衣的研制越来越重视。"凯夫拉"材料还是制造避弹衣的理想材料。据报道,用"凯夫拉"材料代替尼龙和玻璃纤维,在同样情况下,其防护能力至少可增加一倍,并且有很好的柔韧性,穿着舒适。用这种材料制作的防弹衣只有 2~3 公斤重,穿着行动方便,所以已被许多国家的警察和士兵采用。

"合金"复合材料

美国能源部埃姆斯实验室的研究人员，协助解决了类晶体用于提高材料表面性能的一个关键问题。类晶体是一种相当新的材料，科学家认为很适宜作为涂料用于汽车和机械部件。这种材料极硬，摩擦系数低，有很高的抗蚀抗磨损能力。

1982年开发出类晶体材料，其中典型的是具有特别结构的富铝合金。这一发现，改变了长期以来认为固体物质仅以非晶体或晶体形式存在的观念。类晶体不在这两种情况之内，其原子排列有序但没有周期性。

埃姆斯实验室的研究人员，最近把优质类晶体和聚合物结合在一起，成为一种在抗磨试验中工作性能超过类似材料的复合材料。除了改善聚合物性能，这种复合材料还说明了类晶体粉末有多方面的用途，将能使各种材料在工业应用中更加有吸引力。研究人员瓦莱里希勒说："这种聚合物不像其他的材料。甚至不像一般的聚合物或类晶体。我们不知道是否能在聚合物里分散这些类晶体，结果做到了。类晶体弥散得相当理想，使我们感到惊异。"

为了确定类晶体的抗磨性能是否过渡给了复合材料，研究人员用这种材料制造了6英寸圆盘，置放类似于电唱机的磨损试验装置转盘上，一只不锈钢小球置于装置的机械臂上，相当于电唱机的唱针，然后，把1～2磅的重力加至机械臂的中部，这样，大圆盘以每分钟125转的

速度旋转时,能使球保持着与复合材料的接触。

试验结束后检视圆盘和钢球,以确定表面的磨损程度。结果表明,有类晶体的聚合物,与其他试验过的任何聚合物或聚合物复合材料相比,其耐磨性要高达 5～10 倍。

希勒说,这种类晶体一旦在工业上大规模用于材料组合,这种复合材料应该相当易于生产。

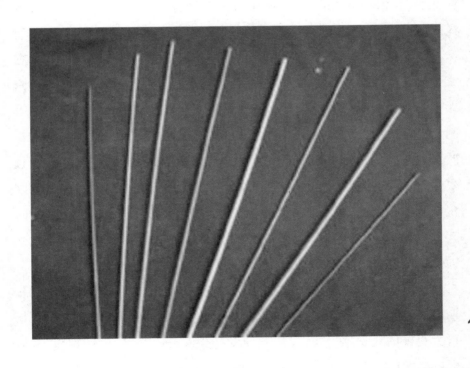

能发光的材料

在黑暗中能发出各色荧光的物质，称为夜光材料。人类使用夜光材料，已经有相当悠久的历史，比如用在手表的盘面上，就制成了一种夜光表。

夜光材料分为自发光型和蓄光型两种。自发光型夜光材料的基本成分为放射性材料，不需要从外部吸收能量，可持续发光，不仅黑夜，白天也是如此。正是因为含有放射性物质，所以在使用时受到较大的限制，废弃后的处理也是一大问题。蓄光型夜光材料很少含有放射性物质，没有使用方面的限制，但它们要靠吸收外部的光能才能发光，而且要储备足够的光能才能保证一直发光。蓄光型夜光材料的另一个缺陷是辉度不够。例如，以前一直使用硫化锌作为余辉型荧光体，但发光时间太短，辉度也不够。于是后来就掺和了一种放射性同位素钜147，发光的效果是理想了，但放射性同位素的介入。不符合环境保护的要求。

研制一种高效而又无公害的蓄光型发光材料，就成了科学家们长期以来研究的一个课题。在这方面，日本的村山义彦是世界上首位取得重大突破的科学家，他开发的一种发光元件，既不含放射性物质，又能在一夜中保持发光，而且亮度是传统夜光材料的 100 倍，可以称得上是一种划时代的夜光材料。

村山义彦用锶铝酸盐作为母体结晶，掺入高纯度的氧化铝及碳酸锶等稀土类金属，在高温下烧结，形成原料后加以粉碎，然后筛选。颗粒

小的材料密合性能好,辉度较低,实际使用的是直径为 50 微米左右的颗粒。

村山义彦反复试验了各种成分在材料中的比例，找出了最佳发光体的理想组成。这种蓄光型发光材料,完全可以使用在隧道之中。例如地铁车站里的各种显示牌，最初以为是不能使用该种蓄光型夜光材料的,因为考虑到地下无法储蓄一定量的光能。但是,使用了这种无公害蓄光材料后效果很不错。每隔几分钟即有一趟地铁列车开过,过站时间为 10 秒钟左右。在这么短的时间内,列车车厢内透出的灯光,就足以让发光元件补充能量。

无公害高效蓄光型夜光材料可以有很多的用途，人们完全可以以它为载体,大量应用太阳光这个清洁的无公害能源。

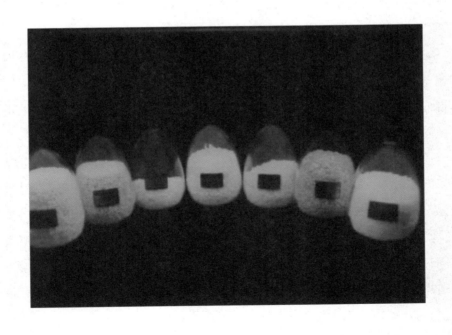

有"自愈"能力的新材料

美国伊利诺伊大学航空工程学教授斯科特·怀特研制成功了迄今为止第一种具备自我修复、或称"自愈"能力的新材料,可望解决复合材料出现细微裂纹、在航空航天应用场合构成安全隐患的问题。

复合材料由玻璃纤维、碳或其他材料与树脂混合而成,现在已被广泛应用于从网球拍到飞机和宇宙飞船等各种场合。复合材料所遭受的损伤往往从细微的裂纹开始,随着裂纹的逐渐扩大而强度减弱、直至断裂。

这是一个技术难题,但科学家却采用了一种看似简单的方法:在复合材料中添加一种内部含有胶水的细水胶囊。胶囊的厚度只相当于一根人的头发丝的粗细,而添加方式则是把胶囊喷洒到目前仍然处于实验阶段的一种新型玻璃纤维复合材料上。

当材料表面出现细微裂纹时,这些胶囊就会破裂,沿着裂纹的走向释放出胶水,弥合这些裂纹。48 个小时后,在出现裂纹的受损部位,材料强度可以恢复到原先的 75%。

但参与这项研究的科学家们同时发现,在高温环境下,胶水的定型固化作用会受到阻碍,"自愈"过程会由于消耗的时间过于漫长而无法适用于许多应用场合。部分因为这一原因,科学家表示,这种新型复合材料投入商业生产和应用的时机目前尚不成熟。

不过,怀特透露说,"自愈"材料投入实际应用的首选目标是宇宙飞

船、人造关节和桥梁支架之类制作材料一旦出现问题维修人员难以或根本无法接近的场合。此外，科学家正在探索中的另一个应用场合是计算机印刷电路板，以解决这类通常是由多层板基材料压制在一起的电路板在生产过程中因为出现细微裂纹而只能报废的问题。

塑料超导体

　　塑料具有导电特性,正是这一发现促成美国科学家艾伦·黑格和艾伦·马克迪尔米德以及日本科学家白川英树分享了 2000 年度诺贝尔化学奖。而塑料在特定低温状态下也能具有超导特性, 则属于历年已经"产出"总共 11 名诺贝尔奖获得者的美国朗讯科技公司所属贝尔实验室的科学家们报告的一项最新发现。

　　包括一名华裔科学家在内的贝尔实验室 3 人研究小组在权威科学周刊《自然》杂志上报道说,塑料超导特性的获得,是在大约零下 270.8 摄氏度。

　　超导状态即材料进入不再对电流具有阻碍作用、或对电能造成消耗的"完美"导体状态。创制塑料超导体所面临的挑战,是要克服有机聚合物(即塑料)内部微观结构中固有的无序排列状态。

　　为了克服这种无序状态, 参与这项研究的科学家使用了一种包含名为聚 3 己基噻吩(P3HT)的有机聚合物的溶剂,把这种溶剂喷洒到一层由氧化铝和金构成的基底材料表面上,形成了相应的聚合物薄膜。

　　处于薄膜形式之下,聚乙基噻盼的分子不再无序,而是整齐地堆积在一起。再下一步,与创制其他超导材料过程中人为添加化学杂质的做法不同,科学家们运用一种新颖的工艺方法把电子"清除"出了这种聚合物薄膜。

　　观察显示,当实验环境的温度降低到高出理论上的绝对零度(零下摄氏 273.15 度)仅仅 2.35 度时,金属基底与聚合物层叠形成的电场能够使电子畅通无阻地通过聚合物材料,成功地表现出了超导特性,堪称迄今为止第一种超导塑料。

这是一项令人目瞪口呆、并且确实极为完美的研究成果,为今后进一步展开研究开创了广阔前景,瑞典林雪平大学的奥勒·因加纳斯教授作为参加对这项成果进行同行评议的全球有机材料科学界权威专家在同一期《自然》杂志上发表评论说。

然而,贝尔实验室的科学家们承认,现阶段使塑料转变为超导体的"临界温度"还太低,研究成果相对于实际应用环境还有很大的差距。他们表示,相信今后可以借助于改变聚合物的分子结构使超导临界温度得到提高。

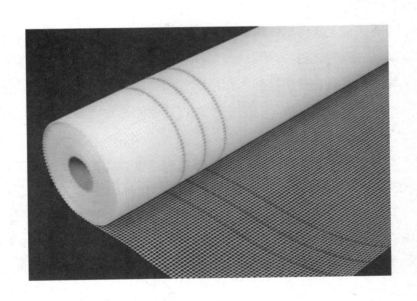

超级塑料

塑料是大家比较熟悉的一类材料。塑料的最大特点是具有可塑性可调性。所谓可塑性，就是通过简单的成型工艺，根据模具的特点可以制造出我们所需要的各种不同形状的塑料制品；可调性是指在生产过程中可以通过变换工艺、改变配方，制造出不同性能的塑料。塑料的另一特点是密度小。塑料和同体积的金属相比，其重量大约只有铝的 1/2，钢的 1/5，铅的 1/8。还有一种像海绵一样的泡沫塑料，其重量只有同体积水的 1/501。

普通塑料大家已比较熟悉了，在此不作过多的介绍。科学技术的飞速发展，也推动着塑料发生日新月异的变化，使一场材料革命已悄悄进入了我们的生活。科学家和工程师预言，对许多产品来说，使用金属和玻璃的日子已屈指可数了，它们不久将被性能更为优异的塑料取而代之，这就是工程塑料。

工程塑料通常系指具有优异机械性能、电性能、化学性能及耐热性、耐磨性、尺寸稳定性等一系列特点的新型塑料。

工程塑料与金属材料相比有许多优点：容易加工；生产效率高；节约能源；绝缘性能好；质量轻，比重约 1.0～1.4，比铝轻一半，比钢轻 3/4；强度高；具有突出耐磨、耐腐蚀性等，是良好的工程机械更新换代产品。

最近，化学家研制出了一种能代替玻璃和金属的耐高温高强度超级工程塑料。这种塑料是一种把硫基单位结合进塑料聚合体长链中的一种新型材料。这种塑料有着惊人的抗酸腐性和耐高温特性。这种塑料还能填充到玻璃、不锈钢等材料中，制成特别需要高温消毒的器具(如医疗器械、食品加工机械等)。另外，这种塑料还可以做成头发吹干机、烫发器、仪表外壳和宇航员头盔等。

从 70 年代中期开始，一些耐热性能更好、抗拉强度更高的类似金属塑料问世了。一种商品名称叫做"Kevlar"的塑料，其强度甚至比钢大 5 倍以上，为此它成为制造优质防弹背心不可缺少的材料。

最近，美国杜邦公司的工程技术人员研制成功迄今为止强度最大的塑料"戴尔瑞 ST"。由于这种塑料具有合金钢般的高强度，可以用来制造从汽车轴承、机器齿轮到打字机零件等许多耐磨损零部件。耐高温、高强度塑料的一个潜在用途是制造塑料汽车发动机。这种塑料发动机的重量不到金属发动机的一半，噪声也要小得多。而且，由于这种发动机可以经过模压一次成型，大大减小了加工时间和成本。

随着国民经济的高速发展，我国对工程塑料的需求量也越来越大。有关科研和生产部门加大了对工程塑料研制和开发的力度。据国家有关部门预测，到 2000 年我国工程塑料产量可达 250 万吨，可代替钢材 1250 万吨。

"人造金属"

　　在我们的记忆中,塑料都是不导电的绝缘体,塑料导线包皮和塑料插头、插座及许多电器的塑料外壳就是利用了塑料的绝缘特性。

　　"有没有可能使塑料成为电的导体呢?"科学家为此进行了长期的探索。20世纪70年代末80年代初,这项研究取得了突破。 1977年,美国宾夕法尼亚大学和日本筑波大学的化学家发现,掺杂卤素的聚乙炔,在室温下的导电能力相当高。研究结果表明, 许多具有共轭双键的聚合物,金属之所以能导电是由于载流子在电场的作用下发生迁移。那么,上述导电高分子材料是怎样导电的呢?原来,是线型高聚物分子主链上的共轭体系在起作用。大家知道,在有机化合物中,当碳间的共价双键与共价单键相间排列时,就形成了一个共轭π电子去互相重叠形成整个分子共有的电子带,这些共轭竹电子可作为传导电流的载流子。随着π电子数量的增加,共价电子带和能参与导电的导带间隔缩小,载流子密度加大,致使高聚物的导电率上升。金属的导电是各向同性的,而高分子材料的导电性则是各向异性的, 沿高分子主链方向的导电率特别大;普通金属的导电性,随着温度的降低而增大,而导电塑料的导电性却相反,随着温度的升高而增大。这些区别在理论上和实际应用上都有重要意义。这种新型导电塑料被称为"塑料金属"。它的出现引起了人们很大的兴趣。因为它既能导电,又具有重量轻的特点,所以,很快就被应用到新技术上。

　　有人正在研究用聚乙基噻吩导电塑料制造汽车窗户的去雾器以及计算机的电路板。

　　新型导电材料不仅能导电，而且还能传光。国外正在利用导电高分子研制第五代计算机——光计算机。由于光速比电子速度快得多，所以光计算机的功能也将比电子计算机更强，运算速度将更快，存储能力将更高。

　　军用飞机上使用了大量电器元件，如果这些元件部分地采用了导电高分子材料来制造，可使飞机重量减轻10%。这不但可以节省燃料油的消耗量，而且可提高飞机的战术技术能力。此外，导电高分子材料在战略防御中将起到重要的防护作用，使军用电子设施免遭损害，确保军队指挥、控制通信和情报系统畅通。因为，核爆炸产生的电磁脉冲会使各种电子电器设备的线路系统发生损坏，失去效能，但对聚合物光学系统却无能为力。

超导新材料

日本青山学院大学理工系固体物理教授秋光纯等发现了便于应用、可把阻抗降为零的超导材料二硼化镁。此超导材料的临界转变温度为绝对温度 39 度即零下 234 摄氏度。这是首次更新了金属超导体的记录，是目前金属化合物超导体的最高温度。

超导体是指在低温下阻抗消失的物质。1911 年，科学家发现了绝对温度零度即零下 273 摄氏度左右的超导体。目前，超导体分两大类：铜氧化物的陶瓷和其他金属化合物。此前金属化合物超导体的最高临界转变温度为 23K（即 250℃）。陶瓷超导体的临界转变温度虽比金属化合物超导体临界转变温度高，但加工应用又很困难。

超导物质二硼化镁是镁和硼以 1：2 的比例结合成的金属化合物。原来认为，金属化合物超导体临界转变温度的极限是 30K，而这次发现的二硼化镁超越了这一极限，比目前的最高记录 23K 提高了 16K。秋光是在指导大学 4 年级学生进行毕业研究时取得了这一实验的成功。今年 1 月 10 日，在日本东北大学金属材料研究所召开的研究会上，秋光等首次发表了这一发现，引起世界各地无数电子邮件的询问。有的国家也做出了这种超导物质，有的用它做成超导丝来说明其原理。美国物理学会决定，3 月将在西雅图召开有关二硼化镁的紧急研究报告会，邀请秋光讲演。

二硼化镁是一种金属间化合物，由两种物质组成，接近于合金，资源丰富，价格低廉，导电率高，易于加工，应用前景十分广阔。同时，这种金属化合物的临界转化温度还有望再提高。

超前的金属材料

　　金属材料是进入工业社会以后，人类用得最早也是用得最多的材料。作为结构材料,开始时几乎全是铁和钢,本世纪初出现了以硬铝为首的铝合金。20世纪50年代起又出现只有钢一半重、耐热性比钢好而强度不低于钢的钛合金。一直到现在,作为结构材料的金属材料,主要仍是钢(铁的合金)、铝合金、钛合金,但它们的品种层出不穷,性能也远非昔日可比。

　　金属材料的发展,几乎可用一个"超"字来概括。如发展超高纯度铁、超高强度钢、超高速钢(用作刀具)、超硬合金、超塑性合金、超耐热合金、超低温材料等等。下面介绍金属材料中处于最前沿的材料:金属间化合物材料。

　　100多年来,人们一直在研究开发以纯金属变基体的各种固溶体(在固态下一种金属溶解于另一种金属内)材料。过去,人们曾把金属中存在的一些金属间化合物视为有害的因素,因为它会阻碍组成金属材料的许许多多小晶粒之间的相对移动,往往会使材料变脆。但时至今日,人们对传统金属材料的潜力已挖得差不多了,面对着对材料越来越高的标准,人们只好另辟蹊径,寻找新路。于是便想到变害为利,利用金属间化合物的特点,开发完全崭新的材料。金属间化合物因妨碍晶粒移动,在使材料变脆的同时,也提高了材料的强度和耐热性。从火箭发动机到发电用的燃气轮机,要提高于作效率都需要提高工作温度(最高的

需要超过 3000℃）。各种超音速飞机、航天飞机在飞行中其表面同空气的摩擦，会产生非常高的温度（可达到 1800℃）。凡此种种，都要求有新的性能更好的耐热材料。而钴基、镍基等传统的耐热合金，几乎已达到性能的极限。于是，转而从过去被视为禁区的金属间化合物寻找出路，便成为希望所在。

近一二十年来，人们开始研究开发金属间化合物材料，这是金属材料领域一个带有根本性的转变，也是今后发展金材料的重要方向。

对金属间化合物的研究表明，由于它的特殊晶体结构，使其具有固溶体材料所没有的性能。例如，固溶体材料通常随着温度的升高而强度降低，但某些金属间化合物的强度在一定范围内反而随着温度的升高而升高，这就使它有可能作为新型的高温结构材料的基础。另外，还有一结构性能可以是固溶体材料的数倍乃至二三十倍。

目前已经知道的金属间二元（两种元素）化从事物以及金属与稀土金属间的化合物超过 2 万多种，但得到开发应用的不到 1％，而已经用到结构上（主要用于核反应堆的高温结构）的则更是微乎其微。这主要是因为人们对其结构和性质还了解得不够，对它的金属间化合物宝库里，许多新型结构材料和功能材料正等待我们去开发。

材料技术的发展

现在的材料种类繁多,按材料本身的性质分,主要有金属材料、陶瓷材料、高分子材料、复合材料、液晶材料等。按材料的作用分,有结构材料和功能材料。

结构材料用于制造各种结构,通俗地说就是要受力,因此对它的要求主要是机械性能,如强度、延伸率(达到极限强度断裂时伸长了多少,延伸率小的材料便容易脆断)、硬度、韧性(受冲击力时容不容易断裂)、风性(容不容易保持形状不变),等等。有时不要求其能经受住严峻的环境条件,如要求耐热性、抗腐蚀性等等。功能材料主要用于完成某种特殊功能,如液晶材料用于显示,但有时候要求有一定机械强度,强光导纤维主要用于传输光线,同时也要求有一定机械强度,如光导纤维主要用于传输光线,同时也要求有一定强度,否则连自己的重量都承受不了,也就无法构成长的通信线路。金属材料绝大部分都是结构材料,但近来也出现一些功能材料,如形状记忆合金、储氢合金、金属超导材料等。陶瓷材料有的作为结构材料,有的作为功能材料。液晶材料目前还只能作为功能材料。由于无法整齐划一地进行分类,所以在下面的介绍中,主要根据不同材料介绍的方便来分别叙述。

当前,材料技术的发展趋势有以下几种:

第一,从均质材料向复合材料发展。以前人们只使用金属材料、高分子材料等均质材料, 现在开始越来越多地使用诸如把金属材料和高

分子材料结合在一起的复合材料。

第二,由结构材料往向功能材料、多功能材料并重的方向发展。以前讲材料,实际上都是指结构材料。但是随着高技术的发展,其他高技术要求材料技术为它们提供更多更好的功能材料,而材料技术也越来越有能力满足这一要求。所以现在各种功能材料越来越多,终会有一天功能材料将同结构材料在材料领域平分秋色。

第三,材料结构的尺度向越来越小的方向发展。如以前组成材料的颗粒,尺寸都在微米(100万分之一米)方向发展的材料。由于颗粒极度细化,使有些性能发生了截然不同的变化。如以前给人以极脆印象的陶瓷,居然可以用来制造发动机零件。

第四,由被动性材料向具有主动性的智能材料方向发展。过去的材料不会对外界环境的作用作出反应,全是被动的。新的智能材料能够感知外界条件变化、进行判断并主动作出反应。

第五,通过仿生途径来发展新材料。生物通过千百万年的进化,在严峻的自然界环境中经过优胜劣汰,适者生存而发展到今天,自有其独特之处。通过"师法自然"并揭开其奥秘,会给我们以无穷的启发,为开发新材料又提供了一条广阔的途径。

合成声学晶体

华南理工大学的刘正猷博士在材料合成领域的研究获得一定突破,他在美国《科学》杂志上发表的关于高吸声复合材料的研究成果《具有局部共振的声学材料》论文,引起了积极反响。

刘正猷博士设计和制造出了一种全新的复合材料——声学晶体(sonic crystal),它能非常有效的隔离低频噪音。因为人耳能感受到的声音的频率在 20 赫兹到 2000 赫兹之间,在整个声音频谱上,这是一个很低的频率区间,令人难以忍受的噪音就在这个区间上。如何有效地隔离噪音,是一个长期以来一直困扰广大科技工作者问题。原因也很简单,因为在这个非常低的频率区间,声音的波长在一米到十米的数量级。传统物理学告诉我们,物体只有在其大小与波的波长大致相等时,才会对波有强的作用,迫使波反射或散射,改变传播方向。所以,传统的隔音材料都做得很厚、很重、较软(重和软可以减小声音在物体中的波长,较好地阻隔声音,这就是著名的质量定律),以满足这个客观要求。显然,传统的隔音材料非常不适用。

要解决这个难题,必须首先从理论和思想方法上进行突破。刘正猷博士带领课题组联想到金属能完全反射电磁波,类比金属完全反射电磁波的机制(PLASMON 共振),在复合介质中引入弹性波和声波的微共振单元,经过精确的理论设计和计算,发现此想法切实可行后,立即在理论的指导下进行实验,结果实验一举成功。他们引入的微共振单元是一些包有橡皮的微小铅球，把它们周期性地分布在环氧树脂的基体中做成了我们所说的声学晶体。它能完全反射某一频段的声波。实验和理论都表明，这种声学晶体，其隔音效果比传统材料提高一到两个数量级。这种能被全反射的频带可通过改变微共振单元的大小和结构完全调控，如果在这种晶体中引入多种共振单元，可以大大增宽全反射频带，甚至可覆盖整个人类可感知的声频段。

此项研究成果的理论和思想方法是声学物理上的一个巨大突破，具有较大的科学意义和潜在的应用前景。刘正猷博士首次提出的声学晶体概念既是传统晶体概念的延伸，但又超越了传统的晶体的概念。就本质而言，微共振单元实际上就是一种人造"原子"，它具有量子化的"能级"，只不过它具有宏观尺寸。本工作的理论证明，原来看似只适用量子物理的一些理论和方法，同样可适用于经典物理。量子现象也不是量子领域所独有的，经典物理中同样存在量子化现象。这些现象，不管是量子领域的还是经典领域，都在波的概念上得到统一。他还首次提出了负的弹性常数的概念。声学晶体对声波的完全反射，对声波来说，如同这种晶体具有负的弹性常数。这个概念简单而又深刻的描述这种现象中的物理内含。声学晶体，或者说这种材料，由于其极佳的隔音功能，在环保和建筑工业，可望具有广泛的应用前景。正如许多传媒在其报道提及的，这种材料将首先在机场、公路及高速公路、娱乐场所等等这些您能想像到的产生噪声污染的场所得到应用。此项研究成果的后期工作将主要集中在如何使其产品化，最根本的是研究怎样使其与建筑材料结合起来，大约需要一到两年的时间。

美国噪音污染处理委员会执行主席评价说："控制噪音的最好方法在于控制噪音源"，"这种材料特别适合于用在产生噪音的机器上"。在英国《新科学家》的报道中，复合材料领域著名物理学家 E·Econvmou 和 John H·Page 等人也对此工作都给予高度评价。

纳米磁性材料

西班牙苏塞罗斯磁性材料实验室的科学家 Rom Zioli 领导的研究小组，发明了一种新型磁性材料，用它制造的变压器具有极高的效率，能量损耗比传统变压器小得多。

新型磁性材料是用直径仅 8 纳米的亚微观粒子嵌入固态基体制造的，也称"纳米复合材料"。Zioli 领导的研究小组将氧化铁纳米微粒加入一种甲醇基液体聚合物，然后将这种溶液冷却到 4.2K 的极低温度，从而使其成为固体。所谓的固态基体就是甲醇基聚合物，基体中的氧化铁纳米微粒均匀地嵌入其中，从而形成类似泡沫塑料的结构。其中的氧化铁纳米微粒起初牢牢地黏在基体上不运动，当在基体上加上很小的磁场时，纳米微粒便能脱离基体并在它占据的空腔中旋转。研究人员认为，它能旋转是因为空腔表面以某种方式排斥这些纳米微粒。

正是由于这些纳米微粒旋转，总使自己的磁场方向和外加磁场的方向保持一致,因此在外加磁场变化时几乎不损失能量,这是以往的磁性材料不具备的性能。

这一新材料的出现,将为新一代超高效率电源变压器的诞生开辟道路。以往的变压器的铁芯在交流电通过其线圈时会发热,这是因为能量以热能的形式损耗了。由于用纳米复合材料取代铁芯制作的变压器几乎不发热,故能量损耗极小,因此。变压器可做得很小,效率却可大大提高。

目前这种材料的缺点是只能在极低的温度下工作,因此 Zioli 领导的研究小组正在进一步探索能在室温条件下具有极低能量损耗的变压器磁性材料。更新的磁性材料含有非磁性纳米微粒,具有更好的声光性能和热力学性能。

磁性塑料

　　磁性塑料是 20 世纪 70 年代发展起来的一种型高分子功能是现代科学技术领域的重要基础材料之一。磁性塑料按组成可分为结构型和复合型两种。结构型磁性塑料是指聚合物本身具有强磁性的磁体,这类磁性塑料尚处于探索阶段,离实用化还有一定的距离;复合型磁性塑料是指以塑料或橡胶为黏合剂加工而制成的磁体,这类磁性塑料现已实现商品化,目前用于填充的磁粉主要是铁氧体磁粉和稀土永磁粉。

　　磁性塑料的主要优点是:密度小、耐冲击强度大,制品可进行切割、切削、钻孔、焊接、层压和压花等加工,且使用起来不会发生碎裂,它可采用一般塑料通用的加工方法(如注射、模压、挤出等)进行加工,易于加工成尺寸精度高、薄壁、复杂形状的制品,可成型带嵌件制品,对电磁设备实现小型化、轻量化、精密化的目标起着关键的作用。磁性塑料的生产可采用多种复合技术,如挤出成型、注射成型、压延成型和模压成型,因此在高聚物成型加工技术高度发达的今天,磁性塑料得到了迅速的发展。近几年磁性塑料的产量连续以每年 10% ~ 14% 的速度递增,发展势头强劲。据统计,西方世界 1992 年铁氧体磁性塑料的产量达 85000 吨,黏接 NdfeB730 吨,黏结稀土钴 155 吨,前两种材料分别占总产量的 40% 和 30%。同年磁性塑料的产值达 8.34 亿美元,约占整个永磁市场份额的 40%。磁性塑料中产量增长最快的是各向同性 NdFeB,从 1987 年上市以来的 6 年间大约增长 37 倍,年均增长 68%,到 1994 年西方世

界磁性塑料市场为 9.25 亿美元,占永磁市场的 37%。

此外,值得一提的还有近几年发起来的稀土类磁性塑料。虽然目前国际上这种磁性塑料产量还比较小(如美国的稀土类磁性塑料约占其磁性塑料总量的 10%,日本则仅占 1. 4%),但发展速度极快。稀土类磁性塑料与传统的烧结型稀土磁体相比,虽然在磁性耐热性方面稍差,但其具有的成型性及力学性能优异、组装和使用方便、废品率低等优点,都是烧结型稀土磁体所无法比拟的。虽然其磁性能不如烧结稀土磁体,但优于铁氧体烧结磁体。

我国的磁性塑料发展较晚,20 世纪 80 年代初从国外引进电冰箱门封条生产线,随后国内进行仿制,年产永磁条约 3000 吨,除供国内电冰箱使用外,还有部分出口。到"七五"初期,由化工部和电子部联合上磁、天磁、899 厂、880 厂、906 厂及北京市化工研究院等单位成立了磁性塑料攻关小组联合攻关,并申请为七五国家重点科技攻关项目。由北京市化工研究院和北京化工学院对磁性塑料颗粒料和压延挤出磁性塑料开始在我国走向实际应用。目前应用较多的是铁氧体磁性塑料和稀土类磁性塑料。

(1)铁氧体类磁性塑料

此类磁性塑料为目前使用较多的磁性塑料,其所用铁氧体磁粉一般为钡铁氧体磁粉和锶铁氧体磁粉,使用的树脂主要有尼龙 6、尼龙 66、CPE、PE、PP、EVA、EPS 等。北京市化工研究院进行了以尼龙 6、尼龙 66 与钡铁氧体和锶铁氧体进行共混体系的研究,并通过树脂共混,研制成功彩色显像管会聚组件用磁性塑料。浙江工学院进行了 PVC–CPE–钡铁氧体磁粉共混体系的研究,并在此加入第三组分 LDPE 或 ACR,以改善其流动性,北京化工学院也进行了 CPE 为基材的电注箱门封条和微电机磁钢的研制,并在东风微电机厂得到应用。

磁性塑料与烧结磁铁同样有各向同性和各向异性之分，在相同材料及配比条件下，各向同性磁性塑料的磁性能仅为各向异性磁性塑料的 1/2～1/3。制作各向异性磁性塑料的方法主要有磁场取向法和机械取向法。

(2)稀土类磁性塑料的制作

目前主要采用压缩成型的方法。其主要工艺过程是:将稀土磁粉进行表面包覆处理后与热固性树脂混合均匀，用 750MPa 的压力压缩成型,在约 150℃～170℃下固化,通常使用液态双组分环氧树脂或酚醛树脂作黏结剂。

磁性塑料作为新型功能材料,以其固有的特性而广泛应用于电子、电气、仪器仪表、通讯、文教、医疗卫生及日常生活中的诸多领域中,其产量和需求量正在不断地增加,生产技术日趋完善,虽然目前磁性塑料的研究及应用在我国尚处在发展的初级阶段,但在某些新的领域,已经得到应用,具有很大的发展潜力。

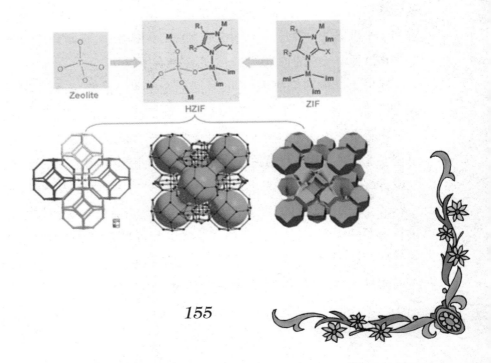

竹炭和竹醋

　　竹子作为一种优质天然材料,在日本被越来越多地应用到建筑、室内装修和制作纤维和衣料等方面。而日本科学家新近发现竹炭和竹醋中含有多种有用成分,为它们的应用又开拓了新的途径。

　　日本竹炭和竹醋协会名誉会长、京都大学本质科学研究所科学家野村隆哉是这方面的专家。他认为,由于工业文明对生态系统的破坏等全球性环境问题日益空出,天然素材在炭化后所产生的碳结构的物理和化学功能正在受到高度重视。如竹炭的固体表面的物理性质、竹炭的半导体功能和屏蔽电磁波功能及负离子效应等,竹醋对过敏性皮炎和糖尿病等疾病的疗效、促进毛发生长作用、对植物的生理活性功能等。野村隆哉主张对这些物理和化学机理进行研究,并且积极地为它们开拓用途。据研究,竹炭和竹子在炭化过程中产生的竹醋就含有二百多种有用成分。

　　千叶大学的研究成果表明,竹醋的主要成分是醋酸,从中可分离出10种酚衍生物,对于如白粉病等某些植物病害也有抵抗作用。

　　由日本农山渔村文化协会出版《竹炭和竹醋液的制造方法与用途》一书全面地论述了日本目前关于竹炭和竹醋的研究和应用情况,作者池岛庸元说,竹炭和竹醋今后在环境保护、农业和医疗等方面可望发挥新的作用。

　　成立于1995年的日本竹炭和竹醋协会,一直就竹炭和竹醋的应用进行有益的探索,不久前还举行了一次国际竹炭和竹醋研讨会。从竹炭和竹醋中得到启示,发现竹炭和竹醋的有用性并将之进行商业化开发,正引起日本科学家和企业界越来越多的关注。

梯度材料

当代高新技术的飞跃发展,引起材料科学领域内的不断变革,使得各种适应高新技术发展的新材料应运而生。梯度材料正是适应了这种需要,成为材料领域绽开的一朵新葩。

所谓梯度材料,严格意义上讲,应该称作"梯度功能复合材料",又称倾斜功能材料。

一般复合材料中分散相是均匀分布的,整体材料的性能是同一的,但是在有些情况下,人们常常希望同一件材料的两侧具有不同的性质或功能,又希望不同性能的两侧结合得完美,从而不至于在苛刻的使用条件下因性能不匹配而发生破坏。从航天飞机的推进系统中最有代表性的超音速燃烧冲压式发动机为例,燃烧气体的温度通常要超过2000℃,对燃烧室壁会产生强烈的热冲击;燃烧室壁的另一侧又要经受作为燃料的液氢的冷却作用,通常温度为 -200℃左右。这样,燃烧室壁接触燃烧气体的一侧要承受极高的温度,接触液氢的一侧又要承受极低的温度,一般材料显然满足不了这一要求。于是,人们想到将金属和陶瓷联合起来使用,用陶瓷去对付高温,用金属来对付低温。但是,用传统的技术将金属和陶瓷结合起来时,由于二者的界面热力学特性匹配不好,在极大的热应力下还是会遭到破坏。针对这种情况,1984 年,日本科学家平井敏雄首先提出了梯度功能材料的新设想和新概念,并展开研究。这种全新的材料设计概念的基本思想是:根据具体要求,选择使

用两种具有不同性能的材料,通过连续地改变两种材料的组成和结构,使其内部界面消失,从而得到功能相应于组成和结构的变化而渐变的非均质材料,以减小和克服结合部位的性能不匹配因素。例如,对上述的燃烧室壁,在陶瓷和金属之间通过连续地控制内部组成和微细结构的变化,使两种材料之间不出现界面,从而使整体材料具有耐热应力强度和机械强度也较好的新功能。

基于平井敏雄的研究,1987年,日本科学技术厅提出了一项"关于开发缓和热应力的梯度功能材料的基础技术研究计划",制备出一系列不同体系的厚1~10毫米,直径30毫米的梯度功能材料。它的出现引起了世界其他国家材料工作者的极大兴趣。

目前,梯度材料的研究主要集中于材料的设计、制备和评价三个方面。

梯度功能材料的设计特色在于设计与材料的合成手段紧密结合,并借助于计算机辅助设计专家系统,得出接近于实际的结果。关于制备材料的性能取决于体系选择及内部结构。对梯度功能材料必须采取有效的制备技术来保证材料的设计。

目前,已开发的梯度材料制备方法主要有:化学气相沉积法、物理蒸发法、等离子喷涂法、颗粒梯度排列法、自蔓延高温合成法、液膜直接成法及薄膜浸渗成型法等。对梯度功能材料性能评价,目前国内外尚没有统一的标准,由于使用目的、使用环境、制备方法等的不同,可能有不同的评价方法。例如,对等离子喷涂法制备的FGM,参照等离子喷涂的有关标准,可进行结合强度、热冲击性、隔热性以及耐热性等性能评价。

虽然FGM的最初目的是解决航天飞机的热保护问题,提出了梯度化结合金属和超耐热陶瓷这一新奇想法。鉴于梯度材料的特点,它很快就被利用在其他功能材料的构想和研究中,现在,随着FGM的研究和

开发,其用途已不局限于宇航工业上,其应用已扩大到核能源、电子、化学、生物医学工程等领域,其组成也由金属—陶瓷发展成为金属—合金、非金属—非金属、非金属—陶瓷、高分子膜—高分子膜等多种组合,种类繁多,应用前景十分广阔。

低维半导体材料

低维半导体异质结构材料是新一代固体量子器件的基础，高质量低维结构材料的可控生长和微细加工技术的不断进展，可能触发新的微电子和光电子技术革命，具有十分重要意义。低维半导体结构材料生长、评价和器件应用是目前国际热门前沿研究课题，不仅具有重要的学术意义，而且还有着重要的潜在应用背景。但建立先进研究手段，如纳米加工技术等，耗资巨大，我国目前尚难以承担。因而加强国际合作，利用国外先进技术是十分必要的。同国外合作是要建立在双方互利的基础上的，我方是否在某些方面具有优势就成了合作成否的关键。我们此项国际合作选择的对象瑞典隆德大学固体物理系，拥有国际上很先进的纳米加工技术和相应的测试分析手段，但缺乏半导体材料生长经验和技术，而这一点正是我们的优势。我们已在低维半导体材料生长、材料物理和新型微电子、光电子器件研制方面取得了重要进展。利用半导体材料科学实验室拥有的 Rober 固源分子束系统，率先在国内开展的应变自组装量子点 (线)材料生长和应用探索研究，并取得了良好的结果和重要进展，研制的量子点激光器的输出功率已超过 3.5 瓦，其寿命居国际领先水平。另外，自 1980 年以来，双方就开始了合作与交流，已有 30 余人次的互访。

1996 年中瑞两国政府开始科技交流计划。"低维半导体材料和量子器件"合作研究计划于 1998 年启动。此合作交流促进了我们量子点和量子线材料光学和结构性质的研究，拓宽了我们半导体纳米团簇的研究领域，并且为我们开展单电子器件的研究打下了基础。此外，对方先进的科研管理方法也给了我们不少的启示。

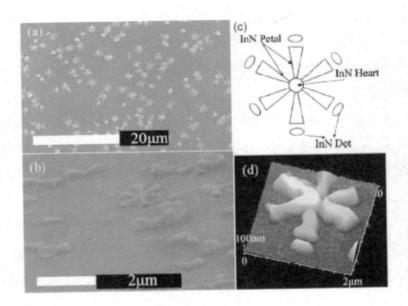

纳米界面材料

　　表面和界面科学发展到现阶段,人们已有共识,不同物质之间可形成各种各样的界面,诸如金属、无机、有机、半导体及生物材料界面上的研究,发现了许多重大现象。借助异质材料的接触与融合所产生的表面和界面的奇异功能特性,来创造新型材料和器件,已成为许多研究领域的指导思想。

　　从物理的观点,凝聚态物质的表面相具有不同于体相的对称性和自由能;当某物质由宏观尺寸减小到微观尺寸时,表面相对材料物性的影响将不容忽视。因此,表面相的设计及控制,必然是研究新型界面材料的关键。

　　"二元协同纳米界面材料"这一新概念,不同于传统的单一体相材料,而是材料的宏观表面建造二元协同纳米界面结构。该界面材料的设计思想是,人们不一定追求合成全新的体材料,当采取某种特殊的表面加工后,在介观尺度能形成交错混杂的两种性质不同的二维表面相区;而每个相区的面积,以及两相构建的"界面"是纳米尺寸。研究表明,这样具有不同,甚至完全相反理化性质的纳米相区,在某种条件下具有协同的相互作用,以致在宏观表面上呈现出超常规的界面物性的材料;即为二元协同纳米界面材料。

　　"二元协同纳米界面材料"是力求将二元协同性推广到纳米尺度界面,研讨新型界面物性。物性的二元协同互补性是一个普适的概念,如

亲水性与还原性,稳定结构与亚稳结构,顺磁性与抗磁性,半导体的 P 型与 N 型,强诱电体与反强诱电体,左旋光性与右旋光性等等。在通常的情况下,体材料的表面相和界面相多表现为一种单一的特性。然而,当利用二元协同界面材料的设计思想,在介观尺度甚至纳米尺度形成二元协同界面后,这样的界面常会表现出超常的界面物性。为实现上述的二元协同性质,需要借助软凝聚态物理和纳米化学的基本原理,完成界面材料的分子设计。

(1)超双亲性界面物性(同时具有超亲水性及超亲油性的表面)材料

研究表明,光的照射可引起 TiO_2 表面在纳米区域形成亲水性及亲油性两相共存的二元协同纳米界面结构。这样在宏观的 TiO_2 表面将表现出奇妙的超双亲性。利用这种原理制作的新材料,可修饰玻璃表面及建筑材料表面,使之具有自清洁及防雾等效果。这种双亲二元协同原理,同样可以用来指导我们进一步设计和创成在其他基材上使用的超双亲性修饰剂。例如,在纤维及衣物上使用修饰剂,将使它们具有超双亲性。可以设想洗涤衣物可以仅用清水冲洗,不再使用传统的洗洁剂;同样也可以应用到人造血管和人造人体的形成,并且改善同活体组织的兼容性,来实现长时间的使用寿命。上述材料,对人类生活和净化环境都是十分重要的。

(2)超双疏性界面物性材料

利用由下到上、由原子到分子、由分子到聚集体的外延生长纳米化学方法,可以在特定的表面上建造纳米尺寸同几何形状互补的(如凸与凹相间)界面结构。由于在纳米尺寸低凹的表面可使吸附气体分子稳定存在,所以在宏观表面上相当有一层稳定的气体薄膜,使油或水无法与材料的表面直接接触,从而使材料的表面呈现超常的双疏性。这时水滴或油滴与界面的接触角趋于最大值。如果在输油管的管道内壁采用带打防静电功能的材料建造这种表面修饰涂层，则可实施石油与管壁的无接触运输。这对于输油管道的安全运行有重要价值。

(3)纳米尺度光阳极、光阴极两相共存的高效光催化界面材料

借助光化学和光电化学的研究思想，利用纳米化学方法，计划研制多种具有光化学活性的纳米杂化的界面材料。例如，在 TiO_2 表面的纳米区域内可以构建光阳极与光阴极共存的二元协同界面结构，在紫外光的照射下具有高效的光催化效果。可以用来分解有毒气体，杀死其表面接触的细菌。该材料将在空气净化和杀菌抑菌方面有重要的应用。

物质世界的二元性是无穷无尽的，二元协同纳米界面材料也将是无穷无尽的排列组合，等待我们的将是一个丰富多彩的新型高级功能材料新世界。

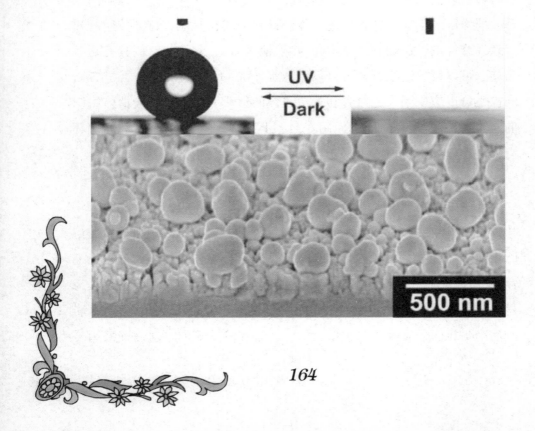

防弹高纤维

　　纤细如游丝,却比钢绳还强硬;轻薄如纸布却比钢铁还坚固。用这种高强纤维做成衣服、头盔,子弹打不进,刺刀穿不透。这项被列为科技部国家攻关重大科技项目、国家火炬计划项目并由宁波大成集团研制生产的高强防弹纤维,使我国成为继荷、美、日之后,世界上第四个拥有这项技术的国家。它不仅对于我国的航空航天、海洋工程特殊建筑材料、体育运动器材等领域有着广泛的用途,而更重要的是对于制作软质防弹衣、雷达罩、空降坦克、运钞车、水陆两用装甲车防弹板材、舰艇等国防装备方面,将发挥特殊的作用。

　　据介绍,我国研制的这种材料,其强度超过荷兰的同类产品,性能是如此的奇妙:它的密度比水还小,置于水中可以浮起来,而且其强度与同直径的钢丝相比要高 12 倍,重量却只有钢丝的八分之一;它耐超低温性能极强,是目前唯一在 -269℃~-196℃极低温下仍保持优良电绝缘性能的新材料;它耐磨、耐腐,可以在海里长期使用而不受腐蚀;它还能承受强烈的紫外线辐射等。

研究进展

　　材料产业支撑着人类社会的发展,为人类带来了便利和好处,但同时在材料的生产、处理、循环、消耗、使用、回收和废弃的过程中也带来了沉重的环境负担。这促使各国材料研究者从头审视材料的环境负担性,研究材料与环境的相互作用,定量评价材料生命周期对环境的影响,研究开发环境协调性的新型材料。这就产生了一门新兴学科——环境材料。

　　环境材料又称绿色材料,是由日本的山本良一于1992年最先提出,用以指那些具有最小的环境负担和最大的再生利用能力的材料,即节约资源和能源,减少和防止环境污染,容易回收利用,丢弃后易于自然降解而回归自然的材料。环境材料的思想一经提出,就在世界范围内引起了广大科学家和其他人士的高度重视,并投入了研究和开发。目前绿色材料的研究内容主要包括材料的设计及开发技术,材料的环境协调性和材料的环境协调性评估技术研究。根据绿色材料的功能,可分成低(资源、能源)消耗材料、净化材料、吸波材料、(光、生物)可降解材料、生物及医疗功能材料、传感材料、抗辐射材料、相容性材料、吸附催化材料等。根据材料的用途,可分成建筑材料、工业制造材料、农业材料、林业材料、渔业材料、能源材料、抗辐射材料、相容性材料、农业材料、林业材料、渔业材料、能源材料、生物材料及医用材料等。近年来国内外已研究开发出一些符合环境材料特性的重要建材产品,如无毒涂料、抗菌涂

料、光致变色玻璃、调节湿度的建材、绿色建筑涂料、乳胶漆装饰材料、绿色地板材料、石膏装饰材料、净化空气的预制板、抗菌陶瓷等。随着人们环境意识的逐步提高,也必然会加深对绿色材料的认识,从而加快绿色材料的发展。

环境材料的研究引起了各国政府的普遍重视,国家的高科技发展计划中,环境材料都是一个重要的主题。其中,环境材料的研究包括生态建材、固沙植被材料、生物医药材料、环境协调性工艺等。开发环境相容性的新材料及其制品,并对现有材料进行环境协调性改进,是环境材料研究的主要内容。

(1)天然材料开发

从生态观点看,天然材料加工的能耗低,可再生循环利用,易于处理,对天然材料进行高附加值开发,所得材料具有先进的环境协调性能并具有优良的使用性能。

将热塑性塑料如 LDPE 等和木材纤维,木屑等共混,利用传统的注射成型法得到的多孔性工木材(PEW)能充分利用废弃的塑料和木屑,并且具有生物降解性。木材陶瓷化也是有效利用木质材料的重要形式。以酚醛树脂填充木材,经高温真空烧制后得到木材陶瓷,可作温度传感器等多种用途。

(2)可回收的材料设计和开发

可回收的金属材料,如碳钢防腐涂层材料在回收时不需考虑涂层的分离,使钢铁回收合金环境负担性更小。可回收塑料的开发,如在聚丙烯薄膜或泡沫中分散一定量为 BaO,可以使其在 623K ~ 673K 加热,即可解聚为丙烯,具有优良的回收性能。

(3)超高性能材料开发

超高性能,超长寿命材料的研制,可以有效降低了材料的负荷寿命比,从总体来看也是降低材料环境负担性的一个有效途径。

(4)环境工程材料的发展

针对积累下来的污染问题,开发门类齐全的环境工程材料,对环境进行修复,净化或替代处理,逐渐改善地球的生态环境,使之可持续发展,也是环境材料的一个重要方面。环境工程材料一般指防止或治理环境污染过程中所用的一些材料。

(5)废水中各种重金属离子吸附材料的开发,是水治理的一个重要组成部分

采用某种天然黏土吸收重金属,多环芳烃,碳氢化合物和苯酚,可用于石油化工厂的污水净化。大气污染治理的典型材料为 TiO_2 系列的光催化材料。

从资源状况和利用效率来看,废物回收利用对缓解资源匮乏的压力有着重要的作用。近年来,综合利用工业固体废弃物 (如钢渣,废铁,废玻璃,废塑料,橡胶,纸等)一直是研究的重点。

(6)废弃塑料的回收利用

废弃塑料一直严重污染环境,白色垃圾问题是一直困扰着城市的环境问题,因此,塑料的回收对环境保护来说,具有很重要的意义。目前塑料的回收方法很多,如气化、水解等。

(7)农产品废物的高附加值利用

农产品废料,具有更深的再开发功能。许多农产品废料含丰富的半纤维素(25%~50%),木质素(30%~50%),纤维素(30%~50%)。合理利用这些废料,不仅显著降低环境污染,而且可建立基于农产品的工业,如生产木糖,木糖醇,纸浆等。

(8)固体废弃物的回收利用

固体废弃物的回收也是研究的重点。固体废弃物数量大,废弃物处理占用大量土地资源。在欧洲,建筑拆迁的固体废弃物每年就有2.21亿~3.35亿吨;我国工业废渣和生活垃圾的每年产出量达320亿吨,其中工业废渣1995年6.5亿吨,累计66亿吨,占地约5.5亿平方米。将建材工业和废物利用结合起来将是一个很好的解决途径,如在水泥混凝土中加入粉煤灰,矿渣和硅灰;利用炉渣,粉煤灰和铁矿石为主要材料制作新型墙体材料。最大限度的利用废材,达到最小环境危害。

综上所述,环境材料的研究已经深入到工业的各个领域。在资源和能源的有效利用,减少环境负荷上环境材料具有很大优势,是实现材料产业的可持续发展的一个重要发展方向。

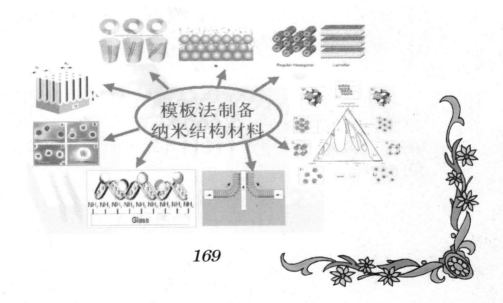

飞机铝合金

美国铝业集团和洛克希德马丁战术航空系统公司最近共同研制了一种新型铝合金,它可以通过冶金平衡法来调整材料的强度和韧性,从而减轻飞机零部件的重量。这种铝合金中包含了少量锂。虽说与原先的铝合金相比其极限强度要低一些,但由于改善了韧性,其设计强度比原先的高出 6ksi,可达 29ksi,使脆性得到改善。

冶炼这种铝合金时,减少锂的含量可降低疲劳开裂。新的铝合金牌号为 2097—T861,首次用于 F—16 改进型战斗机机身舱壁、大梁和加强筋。舱壁厚度约 4~6 英寸,它用于支承方向舵和整个尾翼,是飞机下层结构的一个重要部分。由于 2097 的比重较小,因而同一零件的重量可减轻 5%。在整架 F—16 电机中,由于一些零部件采用 2097,其总重要比原先轻 15%。同时,经过一系列疲劳试验证实,该新合金材料制造的零部件寿命很长,大约为旧铝合金的 5 倍。

在军用飞机中,特别是在战斗机中,零件疲劳强度变得越来越重要。为了追求良好的飞行质量,驾驶员需要更加频繁地操作这些零件。洛克希德—马丁公司的奥斯汀说:"战斗机往往要反复承受高达 9g 的重力加速度的考验。因此绝不允许有任何断裂,否则将破坏飞机舱壁,从而导致灾难。"

金刚石纳米管

　　日本东京大学的藤岛昭和东京都立大学的益田秀树两位教授,最近成功研制出金刚石纳米管材料。因每根细管的直径只有万分之几毫米,因此将其命名为金刚石纳米管材料。它与由原子呈筒状结合而成的石墨纳米管材料相似,但原子排列不同,试制的样品中管口口径为300纳米,壁厚只有几纳米,长约10微米,这些超微细管集束后形成一种新材料。

　　在加工过程中,首先在铝板上钻满微孔,其直径即所需纳米管的外径,以此作为"铸模",浸入混有极细金刚石微粒的液槽中,这时,里面的超声波就使金刚石微粒附着在微孔内壁上,然后将铝板移入真空容器,再经人工合成金刚石所采用的化学气相沉积法处理后,微粒的周围就逐渐生成金刚石结晶,最后在微孔内壁上形成纳米管,用氟化氢等酸液溶去铝板部分,纳米管就分离出来。

　　碳的结晶分为金刚石和石墨两种方式,而金刚石材质更致密、更坚硬。这次研制成功的纳米管材料的详细性能还在进一步分析中,但比石墨纳米管坚固是毋庸置疑的,而且耐高压的特性还可用来制作高效释放电子的电极。目前的平面显示屏就是用石墨纳米管材料电极激发荧光体发光的,如改用金刚石纳米管材料,将明显提高发光效率,在新一代超薄显示屏的开发进程中发挥更大作用。

纳米"自来水笔"

　　小型打印器不久可能变得更加小巧玲珑。这要感谢美国密歇根州立大学和多伦多大学的研究人员设计出的一种纳米自来水笔。1纳米只有1米的十亿分之一，你想这种自来水笔写出的字笔画会有多细。研究人员说，他们用一种称为"原子打气筒"的东西可以把一个个原子喷射（书写)到表面上。

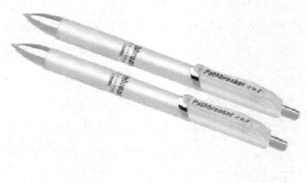

　　如果设计和制造成功，这种能书写原子的钢笔就可以在显微芯片制造中用来取代细线平版印刷技术，使书写的细节在现在的微米级极限下进一步发展，即可将晶体管、接触点及连接线一类的器件制得更小，并用它一个原子接一个原子地构建各种显微机械。

　　过去，由于缺乏操作原子和分子大小的零件的得力工具，纳米技术的发展受到了限制。操作原子的最好方法只是用一台扫描隧道显微镜在表面周围移动单个原子，但这种方法缓慢而艰难。现在，用新设计的纳米级自来水笔，就能以每15微秒一个原子的速度把原子书写在表面上。

这种相当于墨盒的"原子打气筒"，是由碳纳米管组成的，在碳纳米中可以用任何你需要的原子填充。管中的原子由两束激光控制，一束激光的频率是另一束的两倍，两束激光之间产生干扰，激光束冲击碳纳米管壁，因光电作用从管壁上产生电子，在两束激光的干扰下原子向前移动。

在电子流动时，电子对管中的原子旋加一个推力，通过控制激光的相对相位和激光束的功率，操作人员可以控制电子的速度和流动方法，随时可以从管笔的笔尖吐出一个个原子到正确位置。

制造这种原子笔是一种非常精密的工作，纳米管中的任何缩颈和缺陷都必须消除，以避免阻碍原子的流动。笔尖的几何形状对从管子中有效地排出原子是很重要的。但目前何种几何形状是最好仍不清楚。此外，加热作用也可能引起问题，因为高功率的激光可能产生有效电流。作用15微秒的短脉冲激光可以减少加热的影响。每个脉冲仍足以将一个原子移动一个纳米管的长度，喷射到基体表面上。

模制木料

　　设在德国卡尔斯鲁厄附近的弗朗霍夫化工技术研究所的霍尔莫特·尼哥勒领导的研究小组开发了能像塑料一样模制成型的木制品。它不仅具有普通木材的性能，重量轻、强度大，而且具有生物可降解性。更重要的是，它的诞生避免了普通木制品的加工费用昂贵的问题。

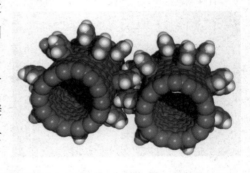

　　普通木材主要是由纤维素和木质素构成的。纤维素使其具有一定的强度，而木质素与纤维素结合在一起，使木材具有韧性。据此，研究小组将自然纤维素与造纸厂作为废物丢弃的木质素混合到一起，使其形成颗粒状物，然后把它置于普通注塑机的模腔内，这样，在高温高压下，纤维素和木质素就结合在一起，形成这种新型木制品，它可被加工成所需要的形状。他们的第一种商业产品是用这种材料制成的表盒，所用的纤维素纤维来源于麻类加工厂。他们将这新材料叫做"塑木材料"，并申请了专利。预计它将有广泛的用途，不但能用于制造家具和地板，还可用于制造电视机和电脑的外壳以及汽车的车门及挡泥板。

　　家具制造商特别青睐可模制木材。瑞典家具公司 Ikea 公司说，对于模制木材产品，在市场上已有十年的辉煌历史了。但是，迄今为止的模制木料是由木纤维与黏结用树脂所组成的，这种复合材料因其机械性能类似于其组成物树脂的性能，因此主要用于空心门及小汽车内饰件上。然而，新品模制木料"塑木材料"却与众不同，它几乎能达到自然木料的性能，正如尼哥勒所说："它完全称得上是地道的木材，我们制造的产品可以说与木材毫无二致。"

新品木料"塑木材料"因温度变化引起的收缩和膨胀度与自然木料是一样的。尼哥勒还说，现在的情况下是，汽车零件要有木制作的话，汽车制造商们往往将它与塑料或金属件结合起来使用。由于塑料和金属的膨胀程度大于木材，从而容易造成木制部件开裂，而使用"塑木材料"代替这些塑料或金属件，开裂的毛病就可避免了。

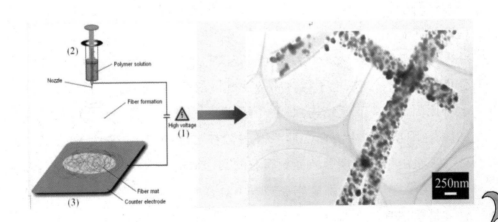

弹性磁体

　　以罗蒙诺索夫命名的莫斯科大学磁物理系教研室，利用不久前俄罗斯科学家研制的一种新材料进行了一项有趣的试验。

　　研究人员把用这种新材料制成的瓶塞塞住一个细颈瓶瓶口，然后将其放置在磁场中，结果瓶塞直径缩小并轻易地下滑落到瓶颈内。当研究人员把磁场移开后，瓶塞又膨胀复原并塞紧了瓶颈。

　　这种称之为弹性磁体的新型材料，是由该教研室的科研人员与莫斯科俄罗斯国家化学和有机元素化合物工艺研究所的化学工程师们共同开发研制成功的。

　　该新型材料在磁场中的弹性形变幅度之大是前所未见的，是其他任何一种压电材料、电子材料和磁性材料在磁场中形变幅度的好几倍，各种原因乃是由于其结构独特。因为这是一种介于具有聚合磁性结构的固体(即在磁场中不会变形)和磁性液体之间的物体。如果说它是固体，那是由于其磁性微粒互相固着的紧密结构，它在磁场中将是不动的；如果说它是液体，那是它在磁场中具有向四面流淌的自由度。而这种弹性磁体其内部的磁性微粒既具有一定的紧密结构，又具有一定的弹性，即在磁场的作用下，其内部的聚合"弹簧"能使弹性磁体发生位移，产生形变，而一旦撤掉磁场，它又恢复原状。

　　制作弹性磁体的过程是这样的：将磁性微粒放入一种胶状溶液中。此外，还放入一些磁性碎屑，以使未来的弹性磁体具有较长的聚合分子结构。在聚合作用下,溶液逐渐凝固,结果形成一种磁性微粒配置不规则的凝胶体,并因其内部聚集"弹簧"的收缩作用而固定着成一块。专家们可以通过选择不同的聚合材料,以及凝胶体不同的外形,再加以不同的磁场配置,便可以预先确定弹性磁体的形变量是 2 倍、3 倍还是 4 倍。眼下已可以做到按照不同的应用领域设定不同的黏弹性磁体。

弹性磁体不仅在技术领域,而且在医学领域也有着广泛的应用前景。譬如,可以用于阻断那些向癌细胞供血的微细血管,以使癌细胞因缺血而不再扩散。

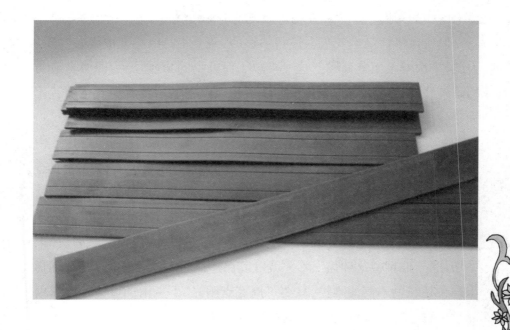

可"吃掉"有害气体的新型建材

　　大气污染的治理历来是收效甚微的，但日本科学家发明的一种新型清除污染的方法可望给治理大气污染提供强有力的措施。原来，用于制造化妆品和染料的二氧化钛与活性石墨混合而成的物质可吸收大气中的污染物，如将这种混合物质加到建筑材料中，再由这种建筑材料建起高楼大厦、护路墙和桥梁，那么这些建筑物就可以在全天候条件下吃掉大气中的污染物。这种发明可以说是清除大气污染的一个绝招。

　　但仅仅将污染空气吸入还是不够的，还要将其最终变成无害物质。为此，交次博士用紫外线射这些吸收了污染物的物质，因为即使是最弱的紫外线光也可激活二氧化钛，使其将空气中的氧化氮和氧化硫转化为硝酸盐和硫酸盐，这些物质是不会蒸发到空气中的。

　　交次博士说，将二氧化钛和活性石墨混合在一起的粉末加入到建筑材料当中去，建成的建筑物无形中就成了一座座或一道道"海绵体"，可以吸收掉污染空气的有害气体，即使是污染最严重的城市，也可以使天空变得干净起来。晴天、阴天都对这种物质的工作没有妨碍，而建筑物的表面也不会因吸收了有害气体而变黑。

　　现在，交次博士领导的研究小组正在东京进行大规模的试验，如果一切如愿，他希望这种物质不久就可以在建筑业内普遍推广。他特别指出这种建筑物不需要维护，只要每周有点阳光，下点雨即可清除大气中的污染物。初步试验表明，这些建筑物可以将大气污染严重的东京市的空气有害物质减少三成。他还指出，采用这种办法来消除污染比简单地制定更加严格的条例或者是控制车流的办法要好得多。